中国海洋文化与海洋文化产业开发

毕旭玲 汤猛 著

文化产业创新研究丛书·刘轶 主编

中国出版集团
東方出版中心

目　录

导　论

一、中国海洋文化是中华文明的重要组成部分①

早在蒙昧时代,滨海原始先民就利用近海的地理优势,采集贝类生物作为食物的重要来源。先民采食贝类的历史极悠久。《韩非子·五蠹》说:古时“民食果蓏蚌蛤,腥臊恶臭而伤害腹胃,民多疾病”。说明当时先民还不会用火,处于脱离动物界不久,也就是传说中的有巢氏时代。这些贝类动物的外壳大量堆积,与当时的先民生活遗迹一起成为当代考古发现中的贝丘文化。贝丘是先民往固定地点抛弃采食的介壳类动物遗骸而形成的丘状堆积,往往分布在房址周边。一般来说。一个原始聚落会有多个贝丘。有些贝丘是被长期利用的,所以小贝丘连成大贝丘,贝丘之间相互叠压。当然,无法食用的贝壳也不是全部被抛弃,有一些经过简单的穿孔、打磨之后被制作成项链等饰品。在辽宁省海城市小孤山仙人洞遗址,就发现了旧石器时代晚期利用动物牙齿和贝壳做成的穿孔项链。在北京周口店山顶洞人遗址中也发掘了3枚钻孔的海蚶壳。② 在新石器时代的文化遗存中,贝类装饰品的出土更加多见,加工工艺也更加成熟。

贝类仅仅是先民食谱中的一类海产。到了燧人氏时代,先民学会了使用火,并且学会了捕鱼的方法。《尸子·君治》云:燧人“教民以火以渔”。传说中的燧人氏不仅发明了火,还发明了捕鱼

---

① “中国海洋文化是中华文化的重要组成部分”是国家社科基金项目“吴越地区海神信仰的传播研究及其图谱化展示研究”(批准号:15BZJ042)的前期成果。

② 马莉.先秦工艺美术概论.甘肃人民出版社,2013:55.

的方法。“燧人之世，天下多水，故教民以渔。”(《尸子·君治》)火的使用巩固了海生生物在先民食谱中的重要地位，因为烤熟的海产显然味道更鲜美。到了“教民狩猎”的伏羲氏时代，原始渔猎经济有了进一步的发展，先民逐渐学会了用网捕鱼，故有庖牺氏“作结绳而为网罟”(《周易·系辞传》)的记载。用网捕鱼使捕鱼活动可能脱离饱腹的最低级需求，导致了原始渔业经济的出现。因为捕鱼技术进步的结果就是产量的增多，吃不掉的鱼可以用来进行原始交换。而鱼骨也可以用作人体饰品，周口店山顶洞人遗址中也出现了钻孔的鱼眼上骨。

随着原始渔业经济的发展，独木舟和木筏等水上作业工具的制造技术也得到了发展。最早的渡水工具是如何产生的，我们不得而知，古人对此有一些猜想。《世本》说：“观落叶因以为舟。”《淮南子·说山训》说：“见窾木浮而知为舟。”也就是说原始人看到海边落叶或干木、残木等在水上漂浮而产生了制造舟、筏的想法。这也是可能的。落叶中间凹陷四周高起、中间宽而两端窄的形状启发原始人制造独木舟，而木头漂浮水上的现象启发原始人将数段木头连接成木筏。《山海经·大荒北经》有云：“丘南帝俊竹林在焉，大可为舟。”这是早期竹筏的记录，与木筏的制法相仿。为了控制舟、筏行驶的方向，原始人又参考鱼鳍等自然现象创制了橹、蓬、楫等工具。所以《名物考》说：“观鱼翼而创橹。”到黄帝时期，舟楫制作技术已经比较成熟。《周易·系辞传》说：“黄帝、尧、舜垂衣裳……刳木为舟，剡木为楫。”这一时期正是我国的新石器时期。考古发现证明了新石器时期我国滨海先民曾利用独木舟等工具走向海洋。

位于杭州湾南岸的四明山和慈溪南部山地之间的一条河谷平原上曾发掘出距今7 000—5 300年的河姆渡遗址，遗址出土了6支木桨。木桨采用整段木材加工而成，“桨叶呈扁平状，柄部粗细适中，自上而下逐渐变薄，线条流畅，形状有些像江南水乡使用的手划桨。其中一支桨，残长63厘米、叶长51厘米、宽15厘米，色泽赭红，木质坚硬，在柄与叶的交界处刻有对应斜线的几何图案，制作精湛，美观实用，其更像是一件杰出的工艺品”。[①] 同时又出土了石锛、石斧、石凿等可以用来制造舟船的工具。在河姆渡遗址中还采集到两件舟形陶器。“一件长8.7厘米、宽3厘米、高3厘米，器型呈长方形；另一件长7.7厘米、高3厘米、宽2.8厘米，两头稍翘，舟体呈半月形，船首有一鸡胸式穿孔小鋬。”[②]这些出土器物表明滨海原始先民在新石器时代就开始制造独木舟。这些独木舟不仅用于内河航行，还在近海地区穿梭往来。20世纪70年代在宁绍平原东部的滨海地区、东海的舟山群岛发现了新时期时代遗址几十处。其中就有不少属于河姆渡文化类型的遗址。[③] 这些遗址的发现证明在5 000多年前的东南沿海地区，河姆渡人已经借助舟楫之力到达舟山群岛，并把较为先进的河姆渡文化传播到舟山群岛上。

在原始部落时期，与海洋有关的经济门类除了渔业经济、舟船制造经济之外，海盐经济也到了发展。清代汪汲《事物原会》说：“《世本》：黄帝时，诸侯有夙沙氏，始以海水煮乳煎成盐。其色有青、黄、白、黑、紫五样。”《路史》引宋衷注为：“夙沙氏，炎帝之诸侯。”《太平御览》引宋衷注为：“宿沙卫，齐灵公臣。齐滨海，故卫为渔盐之利。”宿（夙）沙氏的传说说明炎黄时期我国的海盐业已经有了一定的发展。

从以上论述可见：古代滨海先民的生产生活实践，以及审美观念和行为等都与海洋密切相关，并形成了原始海洋文化。原始海洋文化是中华原始文化的一部分。可以说从中华文化诞生的那

---

① 李跃. 再议河姆渡人的水上交通工具. 东方博物，2003－06－15.

② 同上。

③ 王和平，陈金生. 舟山群岛发现新石器时代遗址. 考古，1983(1).

一刻起，就已经被注入了海洋的因子，具有了海洋的特征和内涵。随着历史的发展，社会的进步，涉海实践以及人群交往的发展，中国海洋文化一方面向深广的海洋发展，另一方面也深深影响了中华内陆地区。

从成熟的独木舟开始，滨海地区的造船技术和航海技术得到了迅速发展。《尚书大传》说："文王囚于羑里，散宜生得大贝，如车渠，以献纣。"商末，纣王将周文王囚禁，文王四友之一的散宜生为赎回文王向纣王进献了砗磲（车渠）。砗磲是贝类中最大的一种，产于太平洋、印度洋和我国南海中。所以获得砗磲的航行至少要到达南海。另外，商灭之后，一部分殷商贵族乘船出海逃难，可能航行至今美洲。房仲甫对美洲出土的文物，以及中国的文物和古文字等材料进行研究后，得出"殷人逃亡者偶趁大风漂泊到达美洲的推论是可以成立的"。[1] 由上述两个例子可以想见当时先民的远航能力。

古代吴越地区的造船术和航海术比较发达。《逸周书》有"成王时，于越献舟"的记载。于越即越，是分布于长江以南沿海地带的古代民族，也就是现代闽浙沿海一带的先民。这个记录说明在周王朝时期，东南沿海一带的造船技术已经比较发达，所造之船较为精美，才能敬献给天子。春秋时期的越国设有专管造船的官署，已经能较大规模地建造弋船、楼船等战船。（《越绝书·外传记[越]地传》）战国时期的《慎子·逸文》也载："行海者坐而至越，有舟故也。"就是说到先秦时期，中国东南沿海航运已经比较发达。正所谓"吴人以舟楫为舆马，以巨海为夷庚"（《太平御览·舟部一》）。在吴越先进的造船和航海技术的支持下，吴楚越之间的争霸战争屡以海战的形式出现。根据《越绝书》的记录，当时吴国可以造"大翼船"。船长十丈，宽一丈五尺二寸，可乘官兵九十

① 房仲甫. 殷人航渡美洲再探. 世界历史，1983(3).

多人。

航运经济之外,夏商周时代的其他海洋经济门类也有了较大发展。夏朝海洋捕捞和海岸带制盐已有一定的规模。沿海地区缴纳的实物贡税主要是各种海货和海盐。比如《尚书・禹贡》就记录说吴越地方的贡赋是"蠙珠暨鱼"。到了周代,渔盐成为各沿海地区的主要经济门类,促进了地方经济的发达,提高了其政治实力。《周礼・职方氏》说:"东北曰幽州……其利鱼、盐。"这是关于辽宁、河北渔盐发展的情况。《史记・货殖列传》说:"太公望封于营丘,地潟卤……通鱼盐之利,则人物归之。"周初姜太公在山东开发渔盐生产,提高了经济实力,于是很多人归附齐国。吴越等沿海诸侯国,其渔盐生产也较发达。《汉书・荆燕吴传》记载:"吴……东煮海水为盐,以故无赋,国用饶足。"

先秦时期,以舟楫、渔、盐为主要内容的中国海洋文化已经发展到一定程度。文化的发达,技术的进步以及海洋经济的发展,为先民进一步探索海外世界奠定了良好的基础。从原始时期到先秦时期,先民对海洋的探索还表现在大量的海洋神话传说中。比如《山海经》是一部反映中国先民山海观的地理著作,以古籍、传闻和想象描绘了海洋神灵和海外奇人、奇物、奇事、奇景,塑造了一个光怪陆离的奇幻世界。它反映了先民对探索海洋和海外世界的渴望。正是这种探索的渴望激发了以后的种种涉海实践。

秦始皇建立大一统的帝国后,中国海洋文化也得到了很大发展。第一,随着秦帝国的统一,中国开始形成了地跨南北的统一海疆,有利于各口岸之间的联系。第二,秦统一后在全国范围内大修驰道,"东穷齐、燕,南极吴、楚,江湖之上,濒海之观毕至"(《汉书・贾山传》)。这些工程使原来分属各地的沿海港口成为一体,并拥有了更广阔的腹地和更便利的交通。第三,齐、吴、越三个传统海上强国的造船工艺和航海技术在统一的新王朝得到了整合发展,促进了秦帝国的造船和航海事业的发展。在此背景下,在中国海洋文化史上具有重大历史意义的徐福东渡事件发生了。徐福以为秦始皇求仙药之名，率船队从琅琊台启航北上，先行至荣成山，又由此折向西，航行至芝罘（位于山东省烟台市沿海），并继续率船队经庙岛，再由朝鲜半岛西部近海折南而行，横渡朝鲜海峡，到达日本。[①] 徐福的船队包括数千名童男女、五谷百工，以及渔猎工具，成为汉文化传播日本列岛的先驱，为开启日本文明历史发挥了巨大作用。公元七八世纪后，日本文献中有很多关于徐福的记载。徐福被日本民众尊为司农耕、医药之神。徐福船队在经过朝鲜半岛时还可能留下了部分人员与物资，这也是中华文化向朝鲜半岛传播的较早记录。

汉代各项海洋技术继续进步，海外商业贸易更加兴旺发达。据《汉书·地理志》记载，在"处近海"的交趾、日南（均在今越南），"中国往商贾者多取富焉"。书中还记述了一条中国商船去南海和印度洋一带的航线：从合浦郡的徐闻（今广东徐闻县西）出发，经都元国（在马来半岛），再陆续经邑卢没国和谌离国（均在今缅甸沿海），最后抵达黄支国（在今印度）和已程不国（今斯里兰卡）。随着海外贸易的发展，汉代还在滨海港口设立了最早的"海关"，官员"候"进行管理，其职能是稽查。《列女传·珠崖二义》记录了汉代海关官员稽查走私珍珠的事情：某珠崖令死后"遂奉丧归，至海关。关候、士吏搜索，得球（珍珠）十枚于继母镜奁中"。

汉王朝还建立了规模庞大的海军，公元42年，伏波将军马援曾南征交趾，率大小楼船两千艘，战士两万余人。可见汉代楼船水军规模之大。楼船是汉代最著名的船舰，也是汉代水军的主要战船，其鲜明特征就是船上有宫室楼阁。根据东汉刘熙所著的《释名·释船》记载，汉代楼船的甲板之上有三层舱室，分别被称为庐、飞庐和爵室。楼船的舷边设有半身高的女墙，以防敌方的矢

---

① 中国人民政治协商会议胶南市委员会. 千古琅琊台. 青岛出版社，2013：30.

石。女墙之内第一层就是庐,庐上的周边也设有女墙,女墙内战士手持长矛。庐上一层是飞庐,弓弩手就藏于飞庐内部。最高一层为爵室,相当于现代舰船的驾驶室和指挥室。而楼船的甲板下有划桨的士兵,甲板上有手持刀剑的士兵。

从秦到汉,中国海洋文化迅速发展,从海洋经济到海洋军事都逐渐建立起一个海洋大国的形象。作为统一的帝国,这一时期海洋事业所取得的成就都是帝国文明的一部分。正是在海洋文化的带动下,中华文明继续发展,取得了越来越多的成就。

三国时期的中国虽然政局动荡国家分裂,但东南沿海的东吴政权采取的种种措施如鼓励海外贸易等依然促进了海洋经济和海洋文化的发展。《吴都赋》载:"富中之甿,货殖之选,乘时射利,财丰巨万。"政府组织的海外开拓在这一时期也在继续。孙权曾派船队出使东南亚各国,密切了与海外诸国的商贸联系。公元233年,将军贺达等率兵七万余人载金银珠宝珍奇货物远航到辽东半岛、高丽国。驰往大秦船只是"张七帆"的大船,大船有二十多丈,离水面高达三丈左右,载客六七百人,载物万斛。[1] 东吴船队还曾到达了海南岛和台湾等地。

隋唐时期,我国又迎来大一统的帝国时代。在前代所积累的技术、物质和文化的基础上,这一时期的对外贸易和文化交流十分繁荣,"海上丝绸之路"逐渐成熟。当时海外贸易主要分为东海起航线和南海起航线。东海起航线从登州港(今蓬莱市)起航,沿黄海至朝鲜、日本列岛等诸国;南海起航线沿黄海前往宁波,并沿宁波、泉州一路南行,一直到菲律宾、马来西亚,再穿越马六甲海峡到中亚诸国。随着航路的成熟,朝鲜、日本、印度等折服于大唐文明的海外国家纷纷遣使来华朝贡。这些朝贡活动加强了大唐与周边诸国的文化交流和经济往来,巩固了中华文化圈。中国海洋文化

① 姚文仪. 梅岭集. 中西书局,2012:101.

由此更加昌盛。大唐帝国的统治者以分封四海来彰显中华文化的核心地位。“是月丁未,封东海为广德王,南海为广利王,西海为广润王,北海为广泽王。”[①]此后,历代皇帝都派遣使者分别祭祀四海。代表海洋的四海海神的政治地位得到了极大的提高,海洋文化也由此上升为中华文明的重要组成部分。

宋元时期的海洋事业发展取得了巨大的成就。主要表现为航海和船舶制造技术以及海外贸易两方面。指南针于此时被运用到航海中,在海洋航行中具有重大意义。宋代海船建造技术在世界上处于领先水平,造船业很兴旺,东南沿海的杭州、明州、温州、秀州等都是重要的造船基地。规模之大、船体之精巧宏伟令高丽人“欢呼嘉叹、倾国耸观”(《宣和奉使高丽图经》卷三四《神舟》)。此时还发明了先进的“水密舱”设计和装甲踏轮战船,所建造的巨型海舶安全且快速,来华的外国商人大多都乘坐中国的商船,依附中国船队进行贸易。

有宋一代军事失败惨重,不得不向北方军事强国交纳高额岁币。军费与岁币导致宋朝国库空虚,政府不得不大力开发海外贸易,以增加财政收入。北宋政府重视保护外商权益,明令外商可向朝廷控告、上诉不法官商。政府还积极解决外商的困难,一旦船只遭遇海上风险将尽力给予援救。有时还会提供生活上的帮助。在种种优待政策之下,宋代海外贸易还是相当兴盛。宋政府每年能从海外贸易中得到几十万到百万的收入,如宋高宗所说“市舶之利最厚,若措置合宜,所得动以百万计。”(《宋会要辑稿·职官四十四》)。

到了元代,统治者依然十分重视海外贸易,因为他们认识到:“有市舶司的勾当,是国家大得济的勾当。”(《元典章》卷二十二)元代在航运上不得不提到的一件事是大规模的海上漕运。元朝的

---

① [宋]王钦若等.册府元龟:卷三三.中华书局,1960.

政治中心大都远离经济发达的江南地区，每年都要从江南运输大量粮食以应付军饷、官俸及朝廷的各种开支。但南北大运河阻塞，江南漕粮无法北输。海运比河运更具有时间短消耗少的优势，为了保障京师供给，元政府因此决定开辟漕粮海运。当时的上海县是漕粮海运的重要基地。至元十八年(1281 年)，元政府派征东留后军镇守上海，以确保港口安全与江南沿海顺畅。后来，元廷又招安了上海崇明海盗朱清和张瑄，会同上海总管罗壁，共同负责造船运粮，试行从江南港口出发，海运漕粮至京城。上海成立漕运万户府，而以近处的刘家港为发运的起始港。漕粮海运开辟了上海港北洋海运航线，加上原来既有的由闽广船及西洋各国商船所开辟的南洋海运航线，使南北航运得以沟通，两条海运航线以长江口为交汇点。

宋元时期，中国出现了大量的域外地理著作，如周去非的《岭外代答》、周达观的《真腊风土记》、汪大渊的《岛夷志略》等，记录了海外诸国的地理、政治、经济、文化、风俗等情况，是我国海洋文化发展的重要表现。

宋元时期在中国海洋文化发展历史上是一个特殊的时期。与羸弱的内政和军事相比，宋王朝的海洋事业相当发达，因此海洋文化的影响力在宋代可能已经超越了农耕文化。到了元代，统治者只将中原视作他们的牧场，农耕文化受到了前所未有的轻视，反而是海洋文化因为航海贸易利润的丰厚还较受重视。

明代是我国海洋事业发展的顶峰时期，标志性的事件是郑和下西洋。从明永乐三年(1405 年)到宣德八年(1433 年)，郑和奉命七次下西洋，历时 29 年。郑和船队经东南亚、印度洋、亚洲、非洲等地区，最远到达红海和非洲东海岸，航海足迹遍及亚非 30 多个国家和地区。在世界航海史上，郑和开辟了贯通太平洋西部与印度洋等大洋的直达航线。郑和的航行比哥伦布发现美洲大陆早 87 年。郑和船队每次都有五六十艘大型宝船，船上装满了各种精美礼品和货品,还包括充足的食物、水和日用品。郑和船队成员人数众多:“计下西洋官校、旗官、勇士、通事、民稍、买办、书手,通计二万七千六百七十员名。官八百六十八员,军二万六千八百名,指挥九十三员。都指挥二员,千户一百四十员,百户四百三员……”[①]郑和宝船结构宏伟,以郑和乘坐的一艘为例:“底层以砂石压舱;二、三层运载货物和食品;上面靠近甲板的一层是客舱,住士兵、下级官员,并有20门炮位;甲板有火炮、操帆铰盘,舱后舵楼有四层;其中二层为官厅,郑和、王景弘就住在这里。”[②]

郑和的七次海上大型贸易交流活动,传递了明王朝的权威,传播了先进的中华文明,巩固了中华文化圈,也影响了中国海洋文化发展的思想观念。在郑和下西洋的带动下,越来越多的民众开始从农耕文化的束缚下解脱出来,积极寻求海上贸易机会,从事航海贸易行业。但经济繁荣的滨海之地引来了倭寇的袭扰。这种情况在明初洪武年间的东南沿海就出现了。当时明朝强盛,海防巩固。尤其是方国珍次子方关降明后,敬献了战船,使明水军数量和战斗力都达到了一个新的高度。明政府在滨海地区都设置了卫所司,如有倭寇进犯,则以烽烟报警,相互支援。到了明嘉靖年间,日本国内连年征战,倭寇数量急剧增多,大肆骚扰我国沿海各地。此时明朝国力衰弱,国库空虚,海防疲软。明政府因此决定改变从唐宋元延续下来的宽松的海洋政策,实行海禁。明代的海禁政策时松时紧,时断时续。明面上的海外贸易停止,但民间走私行为并没有停止,向日本及南洋走私棉纺织品及丝织品的事情在不少文献中都可以寻找到。[③] 明代海禁政策,阻碍了航海贸易的发展,影响了海洋文化和海洋事业。

---

① [明] 费信,冯承钧校注. 星槎胜览校注. 中华书局,1954:1.

② 白寿彝. 中国交通史. 团结出版社,2007:147.

③ 参见《东西洋考》《见只编》《云间杂识》等。

到了清代,尤其是清初,海禁依然存在,主要是为了防范郑成功及明朝残存势力在沿海一带的抗清活动。顺治十八年,清政府甚至下迁海令,“尽徙沿海居民,严海禁”,在江南滨海之地“片板不容入海洋”(《清实录·圣祖实录》卷二七〇)。清代限制出海船舶重量和规模,禁止海外贸易发展,只余广州一口通商,海外交流也多是政治朝见。中国海洋文化的发展因此受到重重束缚,缓步不前。同时,国内的农耕经济也出现了土地兼并、人口膨胀等问题。这是中国海洋文化与农耕文化发展共同受到阻碍的时期。

从上述对中国海洋文化发展历史的梳理中可以得到这样的结论:中国海洋文化从一开始就是中华文明的组成部分,并在唐代发展为其重要组成部分。至明代前期,海洋文化与农耕文化在中华文明的发展过程中基本保持了齐头并进的趋势。明中后期以后,海洋文化与农耕文化又共同进入了衰退期。

二、海洋文化及其危机本质

海洋文化,从字面上理解就是与海洋有关的文化,“就是缘于海洋而生成的文化,也即人类对海洋本身的认识、利用和因海洋而创造出来的精神的、行为的、社会的和物质的文明生活内涵。海洋文化的本质,就是人类与海洋的互动关系及其产物”。[1] 海洋文化包罗万象,人类在开发利用海洋的社会实践过程中形成的所有精神成果和物质成果都属于这个范围。

海洋文化是相对于农耕文化(土地文化、内陆文化)而言的,前者具有开放性、外向性、兼容性、开拓性等特点,后者具有稳定性、内向性、传承性和温和性等特点。海洋文化所具有的特点基本与农耕文化所具有的特点相反,这其实与两种文化内在的本质有关。简单来说,海洋文化的内在本质是一种危机文化,而内陆文化

① 曲金良.海洋文化概论.青岛海洋大学出版社,1999:3.

的内在本质是一种安稳文化。

海洋文化的内在危机本质是由多变易逝的自然环境、充满危险的生产劳作环境、不稳定的家庭结构决定的。第一，滨海自然地理环境极易变迁。《神仙传》里，麻姑自谓：曾三见大海变为陆地，如今蓬莱山那里海水又清浅了，难道大海又要变为桑田了吗？沧海桑田的海陆变迁正是滨海先民所生活的地理环境。以上海为例。今上海市的南部位于杭州湾北岸，其东北部则是长江入海口。历史上的海陆变迁给上海的南部和东北部造成了不同的影响。总的来说，位于杭州湾北岸的上海南部曾发生过大规模的陆地沦海，而在东北部的长江口，短短几个世纪内，却生长出了几个岛屿，其中就包括我国第三大岛、上海第一大岛——崇明岛。大约在东晋时期（317—420 年），杭州湾北岸遇到强海潮的冲击，其西南部大片陆地塌陷于海中。到了元代以后，这一带沦海的速度才减缓。

第二，无论是渔业生产还是航海贸易，涉海生产劳动都充满危险。以渔业劳动为例，渔民出海捕鱼往往是随着渔汛期的开始而去，随着渔汛期的结束而归，有时航行数月。如果遭遇到恶劣风暴天气以及触礁等意想不到的危险那就是有去无回。因此在沿海渔民中传唱着一种渔民妻子思念丈夫的“渔民五更调”，比如下面这首《盼郎五更》：

一更里来月儿弯，银钩走青山。奴奴把郎来思念，面对拉格明月独坐织衣衫。细把那多情丝理出我心怀，织件连心衫。

二更里来月上弦，寒风阵阵起。吹起花花布窗帘，那个寒风好似吹在我心间。我的郎，在洋地，冷热自留意，莫忘把衣添。

三更里来月中天，银霜洒地面。我把夫郎常挂牵，那个风啦霜啦与郎作伴侣。海潮涌，浪花飞，溅得轻一点，莫湿郎衣衫。

四更里来月偏西,雄鸡唱头遍。好像听到螺号起,我跨拉格海洋飞到郎身边。郎拉网,我掏鱼,笑脸对笑脸,恩爱称如意。

五更里来月落山,潮水退下滩。我盼夫郎早归来,那格绵绵情丝结成连心衫。送给郎,身上穿,暖呀暖胸怀,你我心相连![1]

五更调是一种汉族民间小调名,又称“五更曲”、“叹五更”、“五更鼓”。歌词共五叠,自一更至五更递转咏歌,所以又称为“五更转”。这首渔歌五更调流传于舟山群岛,抒发了对捕鱼郎的思念和关爱,体现了海洋渔业劳动的危险。

第三,滨海地区民众的家庭结构是不稳定的。家庭结构就是家庭成员的构成情况。常见的家庭结构有主干家庭和核心家庭。主干家庭是父母与一对已婚子女生活在一起的家庭模式,通常还包括(外)祖父母以及未婚子女;核心家庭是由父母和未成年(或未婚)子女构成的家庭。在这两种家庭中,最小一代子女或是未成年或是还未找到结婚对象。这些家庭结构在内陆地区常见。而在滨海地区,实际情况复杂得多。因为航海是男人的事,而航海又充满危险。所以常常出现家庭中只有母亲与其未成年子女的情况。有些家庭甚至几代人都是女性。福建惠安女及其特殊婚俗就是这样不稳定的家庭结构的产物。因为男子常年出海打渔,惠安女就成为家乡的主要劳动力,下海、耕田、开路、锯木、拉车等样样在行,惠安女因此成为吃苦耐劳的代名词。惠安女结婚时要穿一身黑,新婚第一夜要站在床边过夜,结婚三天以后要回娘家常住,除夕等重大节日才由丈夫接回婆家住一晚。直到生下孩子,惠安女才能正式居住在婆家与丈夫一起生活。这种婚俗与丈夫常年在外捕鱼,可能会遭受不幸有关。如果丈夫身亡而没有子女,惠安女还可以继续生活在娘家。

---

① 方长生. 舟山市歌谣谚语卷. 中国民间文艺出版社,1989: 122 - 123.

以上这些原因决定了海洋文化的内在危机本质。这种危机本质又在精神信仰层面、器物文化层面、技术文化层面等得到充分的体现。在精神信仰层面,求生是滨海民众信仰的基本目的。他们创造出来的神,无论是护航神、引航神,还是潮神、风神、礁神等,首先的功能就是保命。在器物文化层面,非常明显,海洋物质文化遗产少于内陆物质文化遗产。因为海潮很容易将遗留物带到海底,而海风又具有极强的腐蚀性。在技术文化层面,为了应对危机,滨海民众对海洋技术的进步有强烈的需求。关于这一点,本书将在最后一章展开论述。

当然,危机蕴含着危险和机会双重含义。沿海地区在改革开放以后取得的巨大成就深刻地体现了在合适的条件下,海洋文化将对社会、经济、文化各方面的发展产生巨大的推动力。从这个角度看,海洋文化的产业开发,也是创造种种条件,让海洋文化转化为生产力,产生出经济效益,使其更好地服务于当代社会发展,服务于中国海洋大国战略。

三、中国海洋文化产业资源与海洋文化产业分类

中国已经进入海洋经济时代,海洋经济成为国民经济的重要组成部分和新的增长点。根据统计,“十一五”期间我国海洋生产总值翻了一番,年均增长速度超过了13.5%。2010年全国海洋生产总值达到3.8万亿元,海洋生产总值占国内生产总值的比重将近10%,涉海就业人员达到3 350万人,人均创造价值为11.5万元/年。[1] 在此背景下,2011年国务院连续批准了我国三个海洋经济重点发展区域的规划,分别是《山东半岛蓝色经济区发展规划》《浙江海洋经济发展示范区规划》《广东海洋经济综合试验区发展规划》,并批准设立了浙江舟山群岛新区,舟山成为我国继上海浦

---

① 崔立勇. 休闲:海洋经济的“加油站”. 中国经济导报,2011-10-22(B6).

东、天津滨海和重庆两江新区后的又一个国家级新区，也成为首个以海洋经济为主体的国家级新区。而海洋文化产业是海洋经济中的重要组成部分，也是海洋经济中最活跃，最具潜力，投资最小而收益最快的门类。

学界对海洋文化产业的概念还未能达成较为一致的意见。本书以为，海洋文化产业是指：以产业化为手段，以海洋文化开发为基础，从事海洋文化产品的生产和海洋文化服务提供的行业。海洋文化产业既包括直接与海洋相关的各个产业门类，也包括涉海产业门类。

（一）海洋文化产业资源

海洋文化产业的兴起，一方面是发展沿海地方经济的需要，另一方面则与海洋自然资源的急剧减少有关。海洋生物资源和海洋鱼类是人类食物的一个重要组成部分。据估计，全世界有 9.5 亿人把鱼作为蛋白质的主要来源。这些人中的大部分生活在发展中国家。但近几十年来，海洋生物资源的过度利用和日趋严重的海洋污染，有可能导致海洋资源的严重退化。根据统计，"1993 年，在全世界捕捞的 1.01 亿吨鱼中，有 77.7% 来自海洋"。[1] 1950—1990 年之间，海洋捕捞量翻了 5 倍左右。根据联合国粮农组织在 1993 年的估计，2/3 以上的海洋鱼类已被最大限度或过度捕捞，其中 25% 的鱼类已经灭绝或濒临灭绝。另一方面，随着工业化在全世界的推进，人类向海洋排放的废物和污染物越来越多。全球每年有数十亿吨的淤泥、污水、工业垃圾和化工废物等被直接排入海洋……海洋污染的主要来源和比例约是：城市污水和农业径流排放占 44%，空气污染占 33%，船舶占 12%，倾倒垃圾占 10%，海上油气生产占 1%。[2]

---

① 赵汀，赵逊. 自然遗产地保护和发展的理论与实践——以中国云台山世界地质公园为例. 地质出版社，2005：25.

② 赵汀，赵逊. 自然遗产地保护和发展的理论与实践——以中国云台山世界地质公园为例. 地质出版社，2005：26.

随着自然资源的减少,越来越多的国家和地区已经着力于开发人文海洋资源,不断丰富海洋文化产业的行业和产品,增强对市场的吸引力。而发展海洋文化产业就需要了解海洋文化产业的资源内容。海洋文化产业资源是以与海洋相关的特定地域和特定的对象为中心,满足民众的物质和精神需要的,与海洋文化产业密切相关的自然资源、人文资源及社会现象的总和。从资源要素的属性角度看,海洋文化产业资源可以分为自然资源和人文资源两大类。自然资源主要包括与海洋有关的地质构成,岛礁、生物、天文气象等自然景观和自然生态,它是海洋文化产业开发的基础,所有的海洋文化产业活动都要依托于这些资源;人文资源包括与海洋文化相关的历史遗迹,为进行海洋文化活动而修建的各种设施及相关民俗等。下表显示了海洋文化产业资源的构成情况。

表1-1 海洋文化产业资源分类

自然资源	海洋地貌形成过程形迹,如海蚀景观、海岸变迁、海底火山等
	海岛、岩礁
	海岸、海滨、海底景观等海洋风光
	海洋动物和植物
	海洋天气与气候现象,如海市蜃楼、波浪、潮汐等
人文资源	遗址、遗迹,如古渔村遗址、海底遗址等
	海洋活动场馆,如水族馆、海底世界、渔业展览馆、海洋博物馆、海洋公园等
	海洋历史建筑,如海神庙宇、灯塔等
	滨海民众居住地与社区,如渔村、渔市、渔业会馆、养殖场等
	滨海交通与工程建筑,如港口、渡口、码头、堤坝等
	海洋食品,如鲜活类海产品、干海产品
	海洋工艺品,如贝雕、海草制品、海洋生物模型、标本等

（续表）

人文资源	海洋渔业用具，如鱼竿、鱼钩、鱼饵、渔网、渔船等
	涉海历史事件与历史人物
	海洋文学艺术，如古代海洋歌谣和传说，当代海洋文学与影视、文艺作品等
	滨海民众信仰与习俗，如渔业生产习俗、宗教信仰等
	海洋节庆活动

（二）海洋文化产业的门类

海洋文化产业的门类划分，在学界也有相当多不同的声音。如："海洋文化产业的产业范围和行业分类，可以划分为滨海旅游业、涉海休闲渔业、涉海休闲体育业、涉海庆典会展业、涉海历史文化和民俗文化业、涉海工艺品业、涉海对策研究与新闻业、涉海艺术业。"[①]又如："从宏观层面来讲，主要可以分为海洋旅游产业、海洋节庆会展产业、海洋休闲体育产业以及海洋文艺产业等四大类；从中观层面来讲，可以分为海洋旅游业、涉海休闲渔业、涉海休闲体育业、海洋节庆会展业、涉海历史文化和民俗文化业、涉海工艺品业、涉海对策研究与新闻业、涉海艺术业等八类；从微观层面来讲，则又有具体的项目指向。"[②]

以上这些分类方法，有一些不太合理的地方，简析如下：

第一，滨海旅游业（或海洋旅游业）是一个内涵很广的产业。旅游业是以旅游者为对象，为其旅游活动创造便利条件，并提供其所需要的商品和服务的综合性经济产业。旅游活动中所涉及的食、住、行、游、购、娱乐活动等都属于旅游业的范围。滨海旅游业

① 张开城. 海洋文化和海洋文化产业研究综述. 全国商情（理论研究），2010（16）.

② 张英. 基于SWOT分析的宁波海洋文化产业发展报告//宁波市社会科学界联合会. 历史与人文——人文素养与现代都市. 浙江大学出版社，2011：27.

(或海洋旅游业)只是将旅游的地域范围划定在靠近海洋或者以海洋为主题的地方,但依然涉及食、住、行、游、购、娱乐活动等。所以它的范围相当广阔。涉海休闲渔业、涉海休闲体育业、涉海庆典会展、涉海历史文化和民俗文化业等几乎都可以纳入它的范围内。比如涉海休闲渔业中的渔家乐、涉海休闲体育业中的沙滩排球和游泳、涉海庆典会展中的开渔节、涉海历史文化和民俗文化产业中的渔村婚礼等,无一不能被囊括在滨海旅游业(或海洋旅游业)中。以上所举海洋文化产业各门类中大概只有涉海对策研究与新闻业同滨海旅游产业几乎没有交叉。甚至可以这样说,滨海旅游业(或海洋旅游业)几乎就等同于整个海洋文化产业。

第二,涉海历史与民俗文化业是一个比较模糊的行业分类,其内涵和外延都不太清晰。如果说涉海历史还能比较清晰地指出如历史人物的涉海遗迹、涉海历史建筑等内容的话,涉海民俗文化则内容太驳杂了。民俗即民间风俗,指一个国家或民族中广大民众所创造、享用和传承的生活文化。按照这个概念,涉海民俗就是涉海民众的生活文化,其中的滨海民俗饮食起居与休闲渔业中的渔家乐部分内容重叠,传统节日又与涉海庆典会展业内容重叠,服饰又可能与涉海工艺品业重叠。

第三,在上述分类中,有些产业属于"涉海",如"涉海休闲渔业";有些产业属于"滨海",如"滨海旅游业"。大约这样分类标准是将"滨海"产业作为不入海的产业,"涉海"产业作为既有入海内容又有出海内容的产业。这样的设置其实是没有必要的。海洋文化产业的开发本来就是一个不断发展的过程,一个行业中的内容究竟是不是能完全不入海这是无法判断的。"滨海旅游业"中的渔村游如果开展出海捕捞体验活动那就是涉海活动了。所以,既然探讨海洋文化产业,不如保持一种开放的视野,一律冠之以"海洋"。比如"海洋休闲渔业"等。

结束了上述的分析，我们来谈一下本书对于海洋文化产业的范围和行业的分类。本书认为可以将海洋文化产业作如下分类：海洋信仰文化资源产业，海洋节庆文化产业，海洋休闲文化产业，海洋影视产业，海洋文学艺术产业，海洋工艺美术品产业，海洋文化展示、教育与研究产业。这是第一级分类，还可以进行第二级分类。海洋休闲文化产业可以分为海洋休闲渔业、海洋休闲体育业、海洋休闲疗养业，海洋影视产业可以分为海洋电影产业、海洋电视剧产业、海洋动画产业、海洋纪录片产业，海洋文学艺术产业可以分为海洋文学产业与海洋艺术产业，海洋工艺美术品产业可以分为海洋日用工艺品产业和海洋陈设工艺品产业，海洋文化展示、教育与研究产业可以分为海洋文化展示产业、海洋教育产业、海洋研究产业。下表显示了本书对海洋文化产业的范围和行业的分类：

表1-2　海洋文化产业分类

海洋文化产业的一级分类	海洋文化产业的二级分类
海洋信仰文化资源产业	
海洋节庆文化产业	
海洋休闲文化产业	海洋休闲渔业
	海洋休闲体育业
	海洋休闲疗养业
海洋影视产业	海洋电影产业
	海洋电视剧产业
	海洋动画产业
	海洋纪录片产业
海洋文学艺术产业	海洋文学产业
	海洋艺术产业

（续表）

海洋文化产业的一级分类	海洋文化产业的二级分类
海洋工艺美术品产业	海洋日用工艺品产业
	海洋陈设工艺品产业
海洋文化展示、教育与研究产业	海洋文化展示产业
	海洋教育产业
	海洋研究产业

上表的分类特点是：第一，所有的行业均冠之以"海洋"，没有"涉海"与"滨海"之分，便于具体的研究和产业的发展；第二，尽可能降低各行业之间的交叉范围。当然，完全避免交叉是不可能的。比如海洋休闲渔业、海洋节庆产业与海洋信仰资源文化产业就有交叉的部分，只是各自的侧重点不同。当然，此分类并非十全十美，也存在一些问题，还有待仔细思考，并在具体海洋文化产业的发展过程中进行调整。

（三）海洋旅游产业

在上述分类中，没有涉及经常被提及的"海洋旅游业"，并不是因为海洋旅游业不重要，相反它非常重要。但是，无法找到一种分类方法能将海洋旅游与其他产业比较合适地并列一起。这里单独对海洋旅游产业进行论述。

海洋旅游产业是指"人们利用滨海地区、海上、海底、海岛等海洋空间或以海洋资源为对象的社会生产、交换、分配和消费的经济活动，以及为各类旅游消费活动提供服务和支持的行业总称，涉及第一产业、第二产业和第三产业的众多行业"。①

中国古代的海洋旅游起源较早。早在先秦时期，随着航海技

---

① 黄少辉. 中国海洋旅游产业. 广东经济出版社，2011：204.

术的发展,就有了最早的国内海洋旅游。“行海者,坐而至越,有舟故也。”(《慎子·逸文》)可能就是早期到越地旅游的记录。先秦古籍《山海经》是为述图而作的描述性著作。它描述的对象就是《山海图》。《山海图》已佚,但有些蛛丝马迹。陶渊明有“流观《山海图》”(《读山海经十三首》)之诗句,郭璞有“图亦作牛形”和“在畏兽画中”(《山海经注》)的记载和论述,说明他们可能见过《山海图》。而《山海经》中的文字多记空间方位,少记时间;多静态刻画,少动态叙述,述图的特点比较明显。《山海图》怎么产生的?可能就是根据早期的海洋旅游进行绘制的。《山海经》记录了100多邦国,以及邦国的山水地理、风土物产等。虽然夸饰居多,但依然可以和现实世界进行比照,可以将其作为早期海洋旅游的见证。《尚书大传》记录了散宜生为赎回周文王向商纣王进献砗磲之事。获得砗磲的航行至少要到达南海,甚至到太平洋、印度洋。这珍贵的砗磲很可能就是散宜生熟识之人在一次远洋旅游之后带回来的纪念品。

后来,随着海上仙山神话和思想的流行,山东沿海地区陆续有人乘船到海岛访仙。《史记》记录了秦始皇派齐人徐福到海中仙山访仙求药之事。这差事是徐福自己上书要求的,说他听闻海外仙山有仙人。说明在徐福时期,齐国沿海地区已经有人乘船到过海岛,并成功返回。海中仙山的景色也许只是这些海洋旅游先驱者的夸张描述。再后来,随着我国与海外国家开始贸易往来,有不少人乘着这些商船到海外经商顺便旅游。

古代海洋旅游的高峰出现在从唐至明时期。唐代开放的政策和繁荣的商贸鼓励一大批人到海外旅游探险。李白的五言古诗《估客行》就塑造了一个飘忽的游商形象。而唐代志怪类笔记小说中更有不少中原人士游历海外的故事或者对海外见闻的叙述。宋元时期出现了大量的域外地理著作,《岭外代答》《真腊风土记》《岛夷志略》等都可以看作海外旅游笔记。此类作品在明清以后更多。

古代海洋旅游与当代海洋旅游具有明显差别。第一,商旅人士是旅游的主体,极少有单纯以娱乐和消闲为目的的旅游。第二,旅游的动力不足,发展缓慢。传统社会是安土重迁的社会,民众对旅游的需求不旺盛。第三,食、宿、娱乐等旅游服务条件异常简陋,不适合开展大规模旅游。

中国当代海洋旅游业兴起于20世纪70年代末期。沿海各地区和海岛凭借独特的"3S"(阳光、沙滩、海水)资源优势,将开展旅游业作为经济发展的先导产业来抓,而且相当成功。根据统计,到2005年,滨海旅游业收入占我国旅游业总产值的65%,而滨海旅游国际收入占到总国际旅游收入的一半以上。2004年有统计资料显示,当年国际旅游收入排名前十的省中,有八个位于沿海。①我国的海洋旅游可以分为四个区域:环渤海旅游区,包括辽宁、河北、天津、山东三省一市;长三角旅游区,包括江苏、上海、浙江两省一市;闽桂粤旅游区,包括福建、广东、广西三省;海南岛旅游区,包括海南岛和周围岛屿。

1986年国务院决定将旅游业纳入国民经济与社会发展计划,正式确立其在国民经济中的地位。1992年中央明确提出旅游业是第三产业中的重点产业。此后,在《关于制定经济和社会发展"九五"计划和2010年远景目标纲要的建议》中,旅游业被列为"第三产业积极发展新兴产业序列"的第一位。1998年中央经济工作会议提出旅游业作为国民经济新的增长点。2009年,我国旅游业发展的纲领性文件《国务院关于加快发展旅游业的意见》(国发〔2009〕41号)正式颁布,标志着旅游业在国民经济中的战略性地位已经确立。文件明确了旅游业是战略产业,要把旅游业培育成为国民经济的战略性支柱产业和人民群众更加满意的现代服务业。在

① 王颖.中国海洋地理.科学出版社,2013:709.

国家政策的引导下，不少滨海城市积极发展滨海旅游业，浙江、海南、山东、广西、辽宁、河北、广东、江苏等沿海省份先后把海洋旅游业纳入地方发展规划。中国海洋旅游产业开始进入迅速发展阶段。

海洋旅游业的发展，也可以看作海洋产业的发展。中国当代海洋产业的发展大概就是从海洋旅游业开始的。

四、本书的结构和写作目的

本书采用分类和分区域结合的方法进行论述。首先对海洋文化产业的七个门类中主要的六类进行专章论述。从第一章到第六章分别是对中国海洋信仰文化资源产业、中国海洋节庆文化产业、中国海洋休闲文化产业、中国海洋影视产业、中国海洋文学艺术产业、中国海洋工艺美术品产业展开的论述。在具体论述中，本书注意梳理每一门类海洋文化产业的历史发展，并分析当代个案，试图让读者对我国海洋文化产业的发展有系统的了解。第七章是依照四大海区的划分，分别对四大海区沿岸区域即渤海沿海地区、黄海沿海地区、东海沿海地区和南海沿海地区的海洋文化产业进行论述。采用地区概述加典型城市及典型个案的分析方法。

本书之所以采用这样的写作方法，是与当代中国海洋文化产业发展中出现的问题相关。本书以为，当代中国海洋文化产业发展中最严重的问题在于没有从本民族、本地区的海洋文化历史出发，没有深刻发掘自身的海洋文化因子，没有寻找到地区特色或者民族特色的产业切入点和项目切入点，因而造成了沿海各地海洋文化产业面目模糊，产业门类雷同，具体项目设计相似等尴尬问题，严重阻碍了中国海洋文化产业的发展。比如各滨海旅游景点常见的海洋工艺品就是贝壳项链和海螺口哨，高档一些的就是珍珠项链和珊瑚项链。只要在售卖工艺品的摊点前一看，就完全不知道身处天南还是海北了。又比如在海洋影视中八仙题材和白蛇传题材特别集中，已经造成了观众的审美疲劳。基于这个问题，本书希望通过梳理中国海洋文化产业各门类的发展历史,为海洋文化产业的未来发展提供一些灵感和思路。

第八章是对海洋科技与海洋文化关系的探讨。在目前众多海洋文化产业论著中,对海洋科技发展的论述很少,但海洋文化的发展从来离不开海洋科技的进步,海洋科技的发展也受同时期海洋文化的影响。在当代海洋文化产业发展中海洋科技作为最重要的推动力之一常常被忽视。实际上,科技是文化的科技,文化是科技的文化,两者关系异常密切,只有两者融合,才能充分发挥两者在我国建设海洋强国战略中的重要作用。

第一章　中国海洋信仰文化资源及其产业开发①

本章讨论海洋信仰资源的产业化，涉及信仰产业化的问题。在当代中国，信仰产业化的案例不少，尤其在中国迅速发展的旅游业中。那种在景区盖个庙，然后找人来做和尚的事情，以及私人承包寺院的事情，绝不是偶发事件。寺庙等宗教信仰场所，作为信众的精神家园，产业化可能导致原有的价值体系遭到破坏。信仰能否产业化一直以来争议不断，大多数结论都是拒绝产业化。2012年，陕西西安一家财神庙欲借壳上市而引发了轩然大波。国家宗教局也明确表示，反对利用寺庙道观搞旅游开发甚至计划将寺庙道观捆绑上市的做法。而在此之前，法门寺和少林景区也曾有上市计划，但都被搁置。

2015年12月25日，广东翊翔民俗文化股份有限公司成功登陆新三板。这是一家主营祭祖用品、拜神用品和祭祀通用用品的公司，也就是生产冥币的"地下钱庄"。该公司生产出来的冥币采用经销商模式进行销售，产品主要向马来西亚、新加坡的经销商销售。翊翔文化位于汕头莲下镇。自清末开始，莲下镇就是祭祀用品的主要产地，产品也曾远销东南亚。2013年、2014年和2015年1至9月，该公司营业收入分别为3 227.41万元、3 757.22万元、3 999.61万元，净利润分别为173.07万元、208.10万元和498.49万元，②收

---

① 本章是国家社科基金项目"吴越地区海神信仰的传播研究及其图谱化展示研究"(15BZJ042)的前期成果。

② 民俗文化用品生产商翊翔文化申请新三板挂牌上市. 网易财经，2005-12-25[2005-12-28]. http://money.163.com/15/1225/16/BBMN59H600253E5C.html.

入颇为可观。

翊翔公司所生产的祭祀用品也属于信仰文化的组成部分，但它的上市并没有引发信仰产业化的担忧。该案例提示我们：信仰文化资源可以产业化。本书在这一章将梳理中国海洋信仰的文化资源，并分析海洋信仰文化资源产业化的成功案例。

一、中国海洋信仰文化资源

本书所指的海洋信仰即海神信仰，而海神"是指人类在向海洋发展与开拓、利用海洋的过程中对异己力量的崇拜，也就是对超自然与超社会力量的崇拜"。[①] 海神信仰是以各种职能的海神和近海水体神为崇拜对象的民间信仰。中国海神信仰经过了原始神灵崇拜，以及与佛教、道教的融合等阶段的发展，在当代社会依然影响着滨海民众的思想观念、精神追求与行为方式。海神信仰文化资源是以宫庙为主要活动场所，以海神为崇拜对象，以各种仪式和庙会等为表现形式，包括信众的行为习惯、纪念工具用品等内容在内的总和。

（一）中国的海神

中国最早的海神信仰，属于原始崇拜的一部分，先民以海洋水体为神，或以海中的动物，如大鱼、乌龟等为神。"环渤海沿岸渔民至今还崇拜鲸和海龟。胶东渔民习惯称鲸为'老人家'，每当见到鲸在海中经过，便尊称为'过龙兵'，赶忙焚香烧纸祭拜。辽东半岛滨海民众自古以来崇拜海龟，将它视为保护自己的海神，尊称其为'元神'。农历五月十三日为祭祀元神的日子。"[②]进入传说时代，早期海神依然受图腾崇拜的影响，显出半人半动物的形象。比

① 王荣国. 海洋神灵——中国海神信仰与社会经济. 江西高校出版社，2003：28.

② 曲金良，周益锋. 从龙王爷到"国家级"海洋女神——中国历代海洋信仰. 海洋世界，2006(2)：7.

如《山海经》中记录了早期海神的形象:“东海之渚中,有神,人面鸟身,珥两黄蛇,践两黄蛇,名曰禺虢。黄帝生禺虢,禺虢生禺京。禺京处北海,禺虢处东海,是惟海神。”(《大荒东经》)“北方禺强(禺京),人面鸟身,珥两青蛇,践两青蛇。”(《海外北经》)“西海陼(渚)中,有神,人面鸟身,珥两青蛇,践两赤蛇,名曰弇兹。”(《大荒西经》)这里的东海神、北海神等的称呼反映了先民对大陆周围充满海水的初步地理认知。《太公金匮》曰:“四海之神……南海之神曰祝融,东海之神曰句芒,北海之神曰玄冥,西海之神曰蓐收。”这里明确了方位与海神的对应关系,代表着先民已将四海作为大陆四方的边界和四方的极端。这种海陆观念对后世影响深远。

东汉时佛教传入中国之后,来自原始图腾崇拜的本土龙与佛教的护法神龙结合,产生了“海龙王”的形象。海龙王形象进一步与四海海神结合,产生了“四海龙王”。四海龙王虽然从形象上还带有动物性,但其社会属性和人格性已经大大加强。龙王不仅拥有海底龙宫,有虾兵蟹将,有龙婆、龙太子、龙女,还有七情六欲、喜怒哀乐,与人间帝王何其相似。传统社会对龙王的官方祭祀始于唐代。到北宋末年龙王正式得到朝廷册封。朝廷的册封大大提高了龙王的地位,促进了龙王信仰的传播和发展。在此过程中“四海龙王”也逐渐有了自己的具体姓名:“东海龙王敖广”、“南海龙王敖钦”、“北海龙王敖顺”、“西海龙王敖闰”。四海龙王中居于最高位置的是东海龙王。

四海龙王是中国沿海各地普遍信奉的海神,它的普及性超过后来的妈祖。因为大海与众多内陆河流相通,所以海龙王信仰也随着河道进入了内陆地区,在黄河流域与长江流域都形成了广泛的龙王信仰。在民间认识中,海龙王不仅主宰海洋,左右风浪,还掌管天下众水,所以也成为内陆农业地区的水神。但龙王形象来自于原始图腾,面目怪异狰狞,海上风暴难测、险象频生也被民众认为是由龙王的性格暴戾无常所致,因此民众对龙王敬畏多过敬仰。而普度众生的观音菩萨逐渐分化出海神的职能,同时东南沿海的人鬼——妈祖也逐渐崛起。这两位和蔼可亲、慈眉善目的女神迅速赢得了民众的爱戴,逐渐取代海龙王,成为最重要的海神。尤其是妈祖,随着航运贸易的发达,在中国沿海地区备受尊崇。

妈祖信仰起于北宋,最初只是福建湄洲岛民众信仰的地方海神。根据种种材料的记录,妈祖姓林名默,原型为福建莆田湄洲岛的一名女子,可能生于宋建隆元年(960 年)农历三月廿三日,卒于宋雍熙四年(987 年)农历九月初九日。她生前水性极好,能踩席渡海,常救助海上遇险者,死后也常在海上显灵,保护渔民舟子及来往商客。林默或示兆梦,或示神灯,或亲临挽救,渔舟商船获庇无数。岛民感其功德,尊为"娘妈",后来,岛民在湄山峰顶建起祠庙,敬拜为"妈祖",世代虔诚奉祀。这是中国第一座妈祖庙,被称为"祖庙"。在福建海商的带动下,妈祖信仰很快风靡中国沿海各地,并随着海外交通、贸易和海外移民,广泛传播到海外,几乎遍布世界各地。

民间对妈祖的崇信也影响到了官方,从宋代开始,妈祖屡被皇帝敕封。宋徽宗宣和五年(1123 年),给事中路允迪从明州出发出使高丽途中得妈祖护佑。路允迪将这件事情上奏给宋徽宗,徽宗赐了"顺济"二字作为湄洲妈祖庙的庙额,又下诏"妈祖专司海岳"。路允迪得妈祖护佑的神话在廖鹏飞《圣墩祖庙重建顺济庙记》、丁伯桂《艮山顺济圣妃庙记》、《莆田县志》及周煌《琉球国志略》等书中都有记录。这是妈祖受朝廷敕封的开端,此后历代王朝对妈祖都有所褒敕,"从宋宣和五年到清道光十九年的 716 年间,宋元明清的 14 个皇帝赐给妈祖的封号多达 28 个,从'夫人'、'天妃'、'天后'直至'天上圣母'",[1]并列入国家祀典。

---

① 陈国强. 东南文化中的妈祖信仰. 东南文化,1990(3).

在海神信仰中，除了影响最为广泛的妈祖、龙王、观音等外，还有大量的大大小小的区域性海神，如三婆婆、临水陈夫人、周宣王、安知县、楚太爷等，以及一些与海洋生产生活密切相关的海神。

鱼神和盐神是典型的海洋生产行业神。鱼神是渔民信奉的神灵。渔民们将海中的大鱼等认作鱼神。他们认为敬奉鱼神，鱼神就能驱赶鱼群入网，使渔民得丰收。比如山东沿海一带渔民将鲸鱼奉为鱼神，呼之为"老人家"、"老赵"、"赶鱼郎"等。有些沿海地区供奉的鱼神是普通渔民，"紫铜色脸膛，穿赭衣笼裤，左手擎黄鱼，右手举鱼叉，也有一手举鱼叉，一手举网，脚踏大黄鱼的。相传，鱼神名叫陈乌梅，是一贫苦渔民"。[①] 盐神是盐民信奉的神灵。中国沿海民众很早就开始利用海水晒盐，早期与海盐生产有关的历史人物往往被神化为行业管理神，如传说中最早从事盐业生产的宿沙氏就被盐民奉为盐神。《物原》记载："轩辕臣宿沙作盐。"《山堂肆考》也说："宿沙氏始以海水煮乳煎成盐。"在不少沿海地区的盐滩上都有盐神庙，里面供奉着的往往是"万代煎盐祖，千秋煮海师宿沙之神位"。中国地方性盐神很多，有一些地方将先秦时期的管仲奉为盐神，有些地方将曾担任两淮盐运使的曾国藩供为盐神，而渤海湾民众信奉的盐神则是当地一位渔民——詹打鱼。

船神是渔民信奉的神灵。在中国东南沿海一带，船神又被称为"船老爷"、"船菩萨"，以及"船关老爷"等。各地渔民所奉船神各有不同，有渔民奉鲁班为船神，因为他是造船的祖师爷；有渔民奉关羽为船神，渔民需要用他的"忠义"鼓励团结作业；还有奉杨甫老大的，因为他是个捕鱼能手；也有奉女性船神的，如妈祖、观音等。一般渔船上都有专门的船舱供奉船神，被称为"圣堂"舱。

潮神和礁神是渔民、海商等常常往来于海上的人群共同尊奉的神灵。潮神主要在江浙、福建沿海受到信奉。这一带的潮神神

① 许桂香. 中国海洋风俗文化. 广东经济出版社，2013：65.

主相传为伍子胥。《越绝书》《吴越春秋》等都记载了伍子胥灵魂驱水为涛的传说。王充《论衡·书虚》云:“今时会稽丹徒大江、钱唐(塘)浙江,皆立子胥之庙。”潮神得到了官方承认,其祭祀中心最初在浙江绍兴地区,在隋代移至杭州。唐代,潮神先后得到了惠广侯、惠应侯、吴安王等封号,此后历代都有加封。唐宋之后,伍子胥庙遍布江浙沿江沿海。礁神的信仰中心也在东南沿海,尤其是舟山群岛海域。因为这一带海域中有许多礁群,或林立于海面,或潜伏于水下。过往船只往往有触礁危险,因此有了礁神崇拜。舟山嵊泗大洋山岛民众奉“圣姑娘娘”为礁神,来往船只凡过圣姑礁,必登礁祭拜。

(二)中国海神祭祀仪式

为了使海神护佑人间,民众为海神立像、造庙,供奉香火,并举行定期的祭祀仪式。海神祭祀仪式是海神信仰的一个重要组成部分。

海神祭祀活动由来已久。早在原始部落时期,部落联盟首领就开始了对大海的祭祀,《礼记·学记》云:“(夏、商、周)三王之祭川也,皆先河而后海。”因为海洋是万河之归,所以祭祀大海的仪式更隆重。夏商周时期,帝王祭海多采用“望祭”的形式,也就是象征性地对大海遥祭。汉宣帝主动把民间的海神祭祀仪式纳入国家政治文化活动之中,“宣帝即位……制诏太常:‘夫江海,百川之大者也,今阙焉无祠,其令祠官以礼为岁事,以四时祠江海洛水,祈为天下丰年焉’”(《汉书·郊祀志》)。此后,祭海活动被纳入国家祀典。

隋文帝开皇十四年(公元594年),为祭祀南海神,文帝下令在今广州建南海神庙。南海神庙是四海神庙中规模最大,至今唯一保留较为完整的海神庙。[1] 隋文帝以后的历代帝王都十分重视

① 唐朝的东海神庙在莱州,与南海神庙一般,都有千年以上的供奉香火历史。东海神庙毁于1946年。唐人所说的北海有两处,一是渤海,一是漠北的瀚海。渤海与东海通为一体,所以祭祀时用东海之神统宰,不单设渤海之神位。北方瀚海则采用望祀。西海神庙建于山西蒲州,也为望祀。

祭海，唐武德至贞观年间，每年祭祀五岳、四渎、四海成为一项制度，并规定广州都督刺史为掌管祭祀的祠官，就近祭南海神。唐玄宗曾五次派官臣祭祀南海神，并封四海海神为王。韩愈的《南海神庙碑》记录了当时隆重的祭祀大典。宋之问的《景龙四年春祠海》一诗描绘了诗人目睹祭祀场面的感受。到了清代，官方对南海神的祭祀一如既往，其中尤以康熙、乾隆时期为最盛。康熙还曾为南海神庙御笔亲提“万里波澄”匾。

除了官方的祭海神仪式之外，民间也有自己的祭海神仪式。尤其是那些从事海洋贸易活动的海商在出海前必定要举行祭祀海神的活动。如唐宋时期，往来南海的客商起航前与归航后都要到福建南安延福寺祭祀通远王。“（通远王）其灵之著为泉第一。每岁之春、之冬，商贾市于南海暨蕃夷者，必祈谢于此。”[①]福清海口的林夫人庙也是南海客商经常祭祀的对象，“贾客入海，必祷求阴护”。[②] 唐代江浙沿海的海商经常祭祀的海神是天门都督，其神庙是四明的祚圣庙，“唐贞观间，有会稽贩客曰金林，数经从荐牲醴惟谨，舟行每得所欲”。[③] 根据宋《海盐澉水志》的记载，显应侯也是江浙一带海商常祀奉的对象。“庙中有神曰杨太尉尤为灵异，凡客舟渡海，祈祷感应如响。”[④]到了明清时期，海商出海前祭祀海神已经成为惯例。南海神庙地处珠江出海口，来往商船经过这里均要停下来到庙祭祀，以祈求航路平安、生意顺利。每年农历二月十三日为南海神诞辰，南海神庙还会举行盛大庙会活动。

古代中国海外贸易对季风的要求很高，商船必须依赖风力航行。所以海商在祭祀海神时要向海神祈求季风，称为祈风。祈风仪式在每年农历五月及十一月左右举行。夏季祈求南风，使商船

---

① ［宋］李邴. 水陆堂记//陈国仕. 丰州集稿：下册. 南安县志编纂委员会，1992：363.

② ［明］何乔远. 闽书：第 1 册卷六《方域志》，福建人民出版社，1994：148 - 149.

③ 宝庆四明志//宋元浙江方志集成：第 8 册. 杭州出版社，2009：3576.

④ ［宋］常棠. 海盐澉水志：卷五. 成文出版社，1983.

从南海各国返航。冬季祈求北风,使商船顺风南下。最初进行祈风仪式的多是海商。他们认为祈风祭海是关系到财运兴衰,甚至是生死存亡的大事。所以每当季风来临,海商准备起航前,必会举行盛大的祭海祈风仪式,乞求海上航行一帆风顺。到了宋代,朝廷把民间的祈风祭海活动变为国家的一项制度,委派市舶官员和地方官主理其事。仪典分别在夏、冬两季举行。祈风仪式相当隆重,《泉州府志》卷七《山川》中《水陆堂记》一文,其中记载:泉州城西南安县金鸡村的九日山举行祈风仪式时,“车马之迹盈其庭,水陆之物充其俎,成物命不知其几百数焉”。郑和下西洋时也举行过祈风祭海仪式。他曾多次驻福建长乐候风“伺风开洋”,每次必会举行隆重的祭海祀典,祈祷海神天妃保佑航行安全。

(三)中国海神信仰节庆活动

以海神崇拜为基础,结合海神的相关传说、事迹,以及当地的海洋生产生活情况,在中国各地还形成了各种海神信仰的节庆活动。这些节庆活动往往有比较固定的时间。在传统的海神信仰节庆活动中,最常见的就是海神庙会,以及船舶进出海港的开洋与谢洋。

1. 海神庙会

在传统时代,各地的海神庙几乎都有庙会。庙会正日的时间与海神的生日、海神的成神日等有关。一般来说,海神庙会是以海神崇拜为基础,并融合娱乐性与商业性的综合节日。

位于北戴河海滨最东端的金山嘴上就曾有一座海神庙,神庙供奉当地渔民的女儿海仙花。根据传说,海仙花因欠渔霸海和尚租税,被迫为他下海采海参。海仙花偶然间在海底得到一颗夜明珠,从此采海参就很方便了。海和尚发现了夜明珠后,带领恶奴夺珠。海仙花无奈之下将夜明珠吞入腹中成为海神,海和尚及其帮凶则被海浪吞没。后来,当地民众在金山嘴为海仙花建起海神庙。[①] 农历

① 姜彬. 中国民间文学大辞典. 上海文艺出版社,1992:452.

四月十八相传为海仙花吞明珠成神的日子，当地民众在这一天举行隆重的庆祝仪式，后来成为海神庙庙会。该海神庙现已不存，庙会也早已无迹可觅。

旧时淮安下关海神庙供奉妈祖，又称镇海金神庙。该庙在农历四月初十日举行庙会。农历初九是小会，成群善男信女齐集海神庙，焚香礼拜。到了农历初十日，大殿前长竹支成的三脚架上悬起大串鞭炮。为了迎接海神升坛，"马弁"要赤裸上身，腕插铁针，手执钢鞭，在燃烧的鞭炮中来回跳跃。然后，"众班役抬神像出宫，旗锣伞扇前导，金瓜钺斧护卫，青海炉香烟缭绕，并有花担、玉器担、花鼓会、花篮会和香会等随行。神驾于南角楼乘班船南巡。船只首尾衔接，锣鼓喧天，旌旗招展，绮丽耀眼。下午至宝应泰山殿登坛。会众或步行，或乘船，或坐独轮土车，随神驾至泰山殿敬香。第二天，神驾仍乘班船回銮。行会期间，海神庙香火很盛，庙祝备汤圆供香客食用。俗云：'海神庙的汤圆，现成(盛)'"。[①]

2. 开洋节与谢洋节

开洋节(也称开渔节)与谢洋节也是非常重要的海神信仰节庆活动。所谓的"开洋"就是开始出洋捕鱼，"谢洋"就是捕鱼期结束，感谢海洋赐予的鱼鲜。这两个节日是以海神崇拜为基础，与海洋生产民俗密切相关的信仰民俗活动。沿海各地的开洋节与谢洋节的具体日期各不相同。此外，受各时期渔业政策的影响，即使同一地区，在不同时期，开洋节与谢洋节的时间也有所不同。总的来说，开洋节在捕鱼期开始时举行，谢洋节在捕鱼期结束以后举行。比如浙江舟山一带的渔民在旧时一年举行两次开洋节，第一次在农历正月十五，时逢春汛。第二次是立秋以后，时逢冬汛。春、冬两汛开始时，舟山渔民为求吉避凶而举行的渔事节庆是旧时开洋节。而谢洋节一般只有一次，大多选在夏汛结束以后进行，也是休渔期

---

① 淮安市地方志编纂委员会. 淮安市志. 江苏人民出版社，1998：827.

开始的时间。《岱山镇志》有云:“(夏汛)自立夏节起至夏至节止,始终约五十余日……立夏开市,至六月廿三日止,谓之大谢洋。”①也就是说,岱山沿海渔民在农历六月廿三举行盛大的谢洋节。

开洋节庆一般分为两个部分:请神像(或神旗)和祭海。开洋前要将船上供奉的海神像或者海神旗放回海神庙中。开洋节当天,船老大带领船员沐浴更衣,在海神庙中焚香上供,有些地方还要演庙戏。然后将神像或神旗从海神庙里请回船上;祭海的仪式相当宏大,打扮一新的渔船在海湾里一字排开,船旗迎风飘扬,船头供奉猪头、鱼鲞、鸡羊等牺牲,并点燃香烛。然后由最有威望的船老大敲响金锣,并大声吆喝:“开洋啰!”随后,到海神庙请神的队伍便将请来的神旗扛至头船上,并将神旗升上大桅杆的顶梢。同时,渔民们鸣锣放炮。船老大带领船员拜祭船神,并高呼祈求福佑。船队就在震天的声响中扬帆出航,开洋节的典礼就此结束。

中国渔民视海为田,习惯将捕鱼的海域称作“洋田”,出海捕鱼是“开洋”,休海养鱼就要“谢洋”。这是农耕意识在海洋生产中的具体反映。渔民谢洋上岸其实是盛大的娱乐节日。除了祭祀海神、船神之外,还要举行盛大的迎神赛会,有台阁、龙舞、船舞、马灯舞、跳蚤及庙戏。庙戏种类很多,有本地唱腔,也有外请的京剧、越剧、绍剧、木偶戏等。一般来说,谢洋的庙戏要连续上演三天三夜,直至尽兴。②《定海县志》载:“民间所立之各庙会,则在各庙中演之,谓之庙戏……渔人报赛之戏,多在各海山演之,谓之谢洋,其时间多在季夏。”③谢洋节之后,海鱼要休养,渔民和渔船都要休整,为冬季的鱼汛作准备。所以谢洋节也就成为鱼汛交替的一个标志性节庆。

---

① 转引自:金庭竹.舟山群岛·海岛民俗.杭州出版社,2009:89-90.
② 金庭竹.舟山群岛·海岛民俗.杭州出版社,2009:90.
③ 转引自:金庭竹.舟山群岛·海岛民俗.杭州出版社,2009:90.

二、中国海神信仰文化资源产业开发典型案例

（一）普陀山南海观音文化节

普陀山是观音道场所在地。舟山群岛的观音信仰历史悠久，东晋时观音信仰已得到传播。“县内有普慈禅院，依山瞰海，实东晋韶禅师道场。”[①]“普慈寺，始东晋，时仅一小庵，以观音名。”[②]后来，观音菩萨逐渐成为舟山群岛上信众最广泛的海神，形成“岛岛建寺庙，村村有僧尼，处处念弥陀，户户拜观音”[③]的信仰盛况。舟山民众信仰观音与舟山四面环海，时常面临风险有关。舟山得天独厚的渔业资源使得海洋渔业生产成为舟山民众的主要生产方式。渔民出海，在享受大海之惠赐的同时也随时承担着风险。因此民众迫切希望能有一个超凡的力量来保护他们的生命和财产。大慈大悲的观音菩萨正好符合舟山岛民的殷切期盼，成为舟山岛民信奉的海神。

舟山群岛的观音菩萨受到海内外信众的崇信，其重要原因之一就是海岛自然环境与观音菩萨寺院和谐相融，突出了观音信仰的神秘性和神圣性。岛上寺院或临海而建或依山而建，使信众可以在海浪声中或海潮景中诵经顶拜。如普陀山面积仅 12.5 平方公里，四面环海。夜晚，山上任何一个寺庙皆可听到海涛声。日出之时，金光普照，海景与庙宇交相辉映，正所谓“海天佛国”。

此外，普陀山的观音信仰活动也充满了特色。比如，信仰活动充分结合普陀山的自然特点：有规定在祈雨祈晴时，须到靠近海边的潮音洞领香；后又规定须渡海去另一海岛桃花山请圣；雨过之日，再拨舟泛海送圣。[④] 又如在信众中形成了三步一拜上佛顶山

---

① 南宋隆兴元年（1163 年）昌国知县王存之《普慈禅院新丰庄开请涂田记》。

② ［元］冯福京等. 大德昌国州图志：卷七《寺院》//宋元珍稀地方志丛刊：乙编 1. 四川大学出版社，2009.

③ 柳和勇. 舟山群岛海洋文化论. 海洋出版社，2006：35.

④ 柳和勇. 舟山观音信仰的海洋文化特色. 上海大学学报（社会科学版），2006（4）.

礼佛的习惯;普陀山法事活动也与自身地理特点密切相关。普陀山作为海岛,常有海上航行者祈求航行平安。据史料载,宋代出使日本、高丽等国使船,在经过普陀山时,必然会登山举行各类佛事,几成为惯例。因此护佑航行平安成为普陀山佛事的一大主要内容。普陀山也常常有渔民造访,沈家门渔民在渔场春汛时大都要到普陀山做佛事,以祈求平安,祈祷高产。因此,普陀山的佛事活动也扩展到渔业生产。

在如此深广的信仰基础上,从 2003 年开始,普陀山在每年的 11 月举办南海观音文化节,现已成为舟山的三大旅游节庆之一。“自在人生·慈悲情怀”是南海观音文化节一以贯之的主题,弘扬“六和”精神是南海观音文化节鲜明的特色。在文化节期间,一般会有大型晚会、祈福法会、弘法讲经大会、莲花灯会、文化研讨会、四大佛教名山联谊会、佛教文化旅游品展览会等一系列活动,吸引了众多海内外的信众与民众参拜、参与。

(二)湄洲妈祖文化旅游节

妈祖信仰遍布海峡两岸及东南亚各国,凡有妈祖宫庙或奉祀妈祖的宫庙,都有祭祀活动。2009 年 9 月 30 日,联合国教科文组织将妈祖信俗列入了世界非物质文化遗产。妈祖祭祀时间大致相同,但各地祭祀活动各有不同,妈祖信仰活动主要包括大醮和清醮。大醮是大型庆典,如庙宇落成、开光、千年祭等。1987 年的妈祖升天千年祭延续了近一个星期,吸引海峡两岸信众近 10 万人参加。清醮是常年性的纪念活动,如有农历三月廿三日妈祖生日、九月初九妈祖升天纪念、妈祖元宵等,还包括各地独特的祭祀活动,如天津腊月廿三的春祭。妈祖元宵是信众敬请妈祖赏元宵的活动,大都在正月望日至月底之间的某一日举行。在妈祖元宵的庆典中,不少宫庙都保留独特的祭礼,比如湄洲祖庙和境内的 15 个妈祖宫一同巡游庆赏元宵。妈祖生日是农历三月廿三日,俗呼为“妈祖生”或“妈祖诞”。妈祖生日是妈祖信仰活动中最热闹、最隆重的纪念活动。各个宫庙都在这天举行相应的祭祀大典，并进行各种民俗体育、民间舞蹈等表演。妈祖升天日是农历九月初九，各地宫庙也要举行祭祀大典。妈祖巡游也是清醮活动之一，寓意扫荡妖氛，庇护平安。台湾妈祖绕境最为著名。妈祖分神是到妈祖祖庙请一尊神像，并异地建庙供奉。各分神每隔一段时间要到祖庙请香，即“回娘家”，通常以每年三月廿三妈祖生日时为盛。[①] 分神与回娘家是大醮与清醮之外的信仰活动。

湄洲是妈祖的故乡和妈祖庙的祖庙所在地，湄洲的妈祖文化在海内外有着广泛的影响，台湾有 1 200 多家妈祖文化机构与湄洲祖庙建立了联谊关系，妈祖文化已成为联结两岸同胞的重要精神纽带。湄洲妈祖文化旅游节于 1994 年由莆田市人民政府创办，2007 年开始由福建省人民政府主办。每届妈祖文化节都吸引了大批妈祖信徒和游客参与。2010 年初，湄洲妈祖文化旅游节升格为国家级节庆活动，由国家旅游局与福建省人民政府共同举办。

湄洲祖庙祭祀大典是妈祖文化节的重头戏。妈祖祭典与陕西省黄陵县黄帝陵祭典、山东省曲阜市祭孔大典并称为“中华三大祭典”。为了将现代妈祖祭仪引向规范，当地政府于 1994 年参照历史资料和民俗祭仪制定了《湄洲祖庙祭典》。后来又对祭奠乐舞进行艺术加工。妈祖祖庙祭大典在每年妈祖诞生之日（农历三月廿三日）和羽化升天日（农历九月初九），在湄洲妈祖文化旅游节上展示的是秋季祭典。祭典仪式由 13 个部分组成，包括：擂鼓鸣炮；仪仗、仪卫队就位，乐生、舞生就位；主祭人、陪祭人就位；迎神上香；奠帛；诵读祝文；跪拜叩首；行初献之礼、奏《和平之乐》；行亚献之礼、奏《海平之乐》；行终献之礼、奏《咸平之乐》；焚祝文、焚帛；三跪九叩；送神、礼成。妈祖祭祀典的乐舞以三献（《海平》《和平》《咸平》）为中心，分《迎神》《初献》《亚献》《终献》《送神》

---

① 戴维红. 妈祖信俗中民俗体育的变迁. 厦门大学出版社，2012：33－34.

五个乐章。同时舞备八佾,由男女舞生各 32 名组成,分别秉羽和执龠,是古代最高规格之文舞。①

妈祖巡游也是妈祖文化节的重要内容。妈祖巡游所用的仪仗器物包括:清道旗、凉伞、凤辇、香亭、銮驾、鼓亭、伙食担、香火担、硝桶、硝角、起马牌、斩怪刀、驱妖牌、龙头牌、龙头杖及"天上圣母"衔牌,"肃静"、"回避"牌,还有铜号、铜镜、雪花槌、大刀、钺及鲤戟、犀角画戟、凤凰牧、牡丹烛屏等铜器。此外,还包括大小灯笼、火铳及其他器物。妈祖出巡时,这些仪仗器物由民众装扮成的侍神、中军、文曹、武判、随人等或肩或抬,按照一定顺序先后排列,成为一场妈祖民俗器物的展览。

在妈祖文化节上除了妈祖祭祀活动之外,还有不少民俗文体表演,如舞龙、舞狮、摆棕轿、耍刀轿、舞凉伞等,表演人员多为民间艺人,参加人数最多可达几十万,场面壮观。

(三) 闽台对渡文化节

闽台对渡文化节从 2007 年起已连续举办了 4 届。国务院台湾事务办公室从 2008 年开始将它纳入国台办对台交流重点项目。"对渡"指的是石狮与台湾的鹿港之间,竖立在蚶江海防官署遗址上的对渡碑文记载:"蚶江为泉州总口,与台湾之鹿仔港对渡……大小商渔,往来利涉,其视鹿仔港,直户庭耳。""户"与"庭"的描述反映了石狮与鹿港亲密来往如一家的关系。闽台对渡文化节是以蚶江五王府信仰为基础的民俗文化节庆活动。石狮蚶江五王府奉祀答王爷等五位王爷,王爷船号"金再兴",被闽台百姓奉为航海保护神。相传,答王爷曾驾"金再兴号"船,在海上引导被大雾笼罩迷失航向的鹿港商船。鹿港船户将其事广为传颂,并从蚶江五王府奉请王爷香火到鹿港奉祀,后又分香彰化、淡水、云林、基隆等地,在台湾产生很大影响。1994 年蚶江五王府重建,台胞林为兴

① 戴维红. 妈祖信俗中民俗体育的变迁. 厦门大学出版社,2012: 35.

先生捐资并撰镌“闽台同根”的匾额。农历五月初五是蚶江五王府诞辰,海峡两岸善男信女纷纷前来蚶江五王府朝拜进香,并举行隆重的护驾开航仪式。闽台对渡文化节就在这一天拉开帷幕。文化节除了庆祝蚶江五王府诞辰的王爷船巡海之外,还有海上泼水、采莲、捉金猪、赛龙舟、攻炮台等一系列富有地方特色的民俗文化活动。

王爷船巡海,即“放王船”,具有悠久的历史。清乾隆年间《泉州府志·风俗》记载:“端阳……是月无定日,里社禳灾。先日延道设醮,至期以纸为大舟及五方瘟神,凡百器皆备,陈鼓乐、仪仗、百戏,送水此焚之。近竟有以木舟具真器用以浮于海者。”“放王船”习俗至今仍然在蚶江和鹿港保存,其内容为让王爷巡视海上的商船、渔船,超度海上遇难者,预示自此一年内有“海神爷”的保护。其具体仪式包括如下几方面:

首先是置天台,即设置上苍香案,进香;然后请王船出庙置于庙前(王爷船上置王爷神像,配有水手、柴米油盐酱醋茶等);办祭品,即由庙祝准备王爷的日常用品;犒将,即各家各户提祭品,犒赏天兵天将;送祭品,由庙方将王爷所需的物品装于王船内,并卜杯问神诸物是否齐全;出海,由 8 人抬王船置海边,根据风向调整风帆,由一艘舢板船护送出海;敬海神,向海上撒袱纸(一种印有衣服等图样的纸),敬海神及救济海上遇难的孤魂野鬼;返航,由舢板船护送“金再兴”王船回岸;送王爷船回府,安置原处。[①]

这一天,还要庆祝五王府诞辰,举行盛大的庙会。而庙会的内容主要是娱神和娱人,相关的活动比如舞狮、舞龙、梨园戏、高甲戏、笼吹、装阁、拍胸舞、火鼎公火鼎婆、公背婆、矮仔摔跤、割香、踩高跷等充满地方特色的民俗文艺表演。

此外,闽台对渡文化节的主要活动,如海上泼水、捉金猪、赛龙

---

① 福建省文明办. 福建节庆习俗. 海峡文艺出版社,2011:297-298.

舟和攻炮台等,都是有特色的传统体育娱乐项目。

捉鸭子(金猪)是一项健身竞技的水上活动。民众在船头架一根涂满油脂的圆木。圆木的末端挂着装有鸭子(猪)的笼子。活动时,要赤脚从圆木的一端走到另一端,然后拉开笼子的活门,捉住鸭子(猪)。如果拉开活门时,鸭子(猪)跃入水中,参与活动者必须要跟着跳进水中,捉住鸭子(猪)。

赛龙舟在石狮又称"扒龙船"。与其他地方不同的是,石狮的龙舟赛是在海上举行的。因石狮沿海各镇常有风浪,故制作的龙舟与众不同,船身较短而船体较宽,以增加稳定性。蚶江有 4 只"镇兴号"龙舟,长 15.5 米,宽 2.08 米,比全国各地龙舟小而船身宽,比较稳重,可防小风浪,只能容纳水手 21 名和舵手、鼓手、旗手、锣手各 1 名,共 25 名船员。①

攻炮城活动是从中国古代军营活动演化而来的。相传郑成功在石狮蚶江水操寨操练水师时,创作了这一运动项目,目的是锻炼士兵的抛掷、瞄准技巧,提高作战能力。具体活动方法是:用竹子和纸扎成城垣,悬挂在空旷处,约两层楼高,攻城的炮手将各自事先准备好的鞭炮点燃,对准炮城投掷出去。能将鞭炮投掷到城垣的炮芯上,并引起炮城爆炸的就是胜利者。②

(四)保生大帝信仰资源的产业开发

保生大帝,原名吴夲,相传是宋代泉州府同安县白礁村人,生于宋太宗太平兴国四年(979 年)农历三月十五日,卒于仁宗景祐二年(1035 年),为宋代名医,吴夲幼年时父亲患病,缺医身亡,令他立志学医,普救众生。他初拜蛇医为师,翻山越岭,采药制药;后云游四方求师,刻苦钻研,渐精通医理医术。后来,他回到故乡炼丹制药,行医济世。传说宋明道二年(1033 年),泉州一带发生瘟

---

① 福建省文明办. 福建节庆习俗. 海峡文艺出版社,2011: 299.

② 福建省文明办. 福建节庆习俗. 海峡文艺出版社,2011: 301.

疫,他奔走四方,救人无数。翌年,闽南瘟疫再度流行,他又带徒弟四乡奔走,挽回许多垂危的生命。仁宗景祐二年(1035 年),吴夲在文圃山石崖上采草药,不幸跌落悬崖,与世长辞。乡人感戴他的恩德,画肖像供奉。后来,乡人在今天的厦门青礁建起"龙湫庵",供奉"医灵真人",香火日盛。宋乾道二年(1166 年),朝廷赐庙。此后历代都有所敕封。

保生大帝又被尊为大道公、吴真人、吴真君、花轿真人等,是福建和台湾闽南人、广东潮汕人以及东南亚闽南籍华人所奉的地方守护神。因为这一带属沿海地区,所以保生大帝也兼有海神的职能。闽南有谚语说"大道公风,妈祖婆雨",也就是说保生大帝掌管海上之风,而妈祖则执掌海上之雨,因此在闽南沿海不少地区,保生大帝常与妈祖供在同一座庙里。目前,海峡两岸对保生大帝信仰资源的产业化开发取得了如下一些成绩:

第一,修葺扩建宫庙,形成新的旅游景区。台中市元保宫管委会于 1989 年和 1991 年,两次捐资重修了青礁慈济宫前殿、中殿和后殿;1996 年,台湾保生大帝庙宇联谊会、屏东县佳东乡海埔万寿宫倡捐重修龙湫庵;从 2005 年至今,厦门市海沧区政府扩建了青礁慈济景区。主要修建了景观轴步行道、历史名医长廊、吴真人塑像、主山门、颂典广场、保生堂、圣德堂等建筑。修葺扩建后的青礁宫成为厦门市一个有文化内涵、历史厚重感的新景区。

第二,申报非遗名录,扩大保生大帝影响。因为保生大帝在海峡两岸信众心目中的地位极崇,为突显两岸人脉、文脉的同根同源,早在 20 世纪 90 年代初,厦门、漳州两市政府就注重弘扬保生信仰文化,为两岸民众间的交流搭起了一座坚实的桥梁。1996 年,厦门海沧青礁慈济宫以及漳州龙海白礁慈济宫都被列为全国重点文物保护单位。2008 年 1 月,保生大帝信俗入选第二批国家级非物质文化遗产名录。

第三,举办文化节,带动保生大帝信仰资源的进一步开发。为了进一步促进两岸民众民间交流，增进两岸民众互信与了解，厦门市从2006年开始，每年4月18日，在保生大帝祖庭所在地之一的海沧青礁慈济宫举办保生慈济文化节，吸引了大量台胞和各地信众前来参加，带动了保生大帝文化资源产业的进一步发展。2008年以后，经国台办批准，保生慈济文化节更名为“海峡两岸保生慈济文化节”，由台湾、厦门海沧、漳州龙海三地轮流举办。自此，保生慈济文化节升格为对台交流平台，提升了文化节的社会效应与经济效应。

第四，拍摄电视剧，提升保生信仰知名度。2008年11月27日，由台湾民视、厦门广电集团、北京市春天影视传媒有限公司共同打造的，以保生大帝信仰为基础的，大陆第一部公开赴台拍摄的电视剧《神医大道公》在厦门开机。该电视剧的筹拍是首届海峡两岸文博会的重头戏之一。该剧汇集了两岸三地的影视精英，以古装喜剧形式演绎医神保生大帝的传说故事，是一部雅俗共赏、老少咸宜的作品。2010年5月10日，《神医大道公》在央视八套播出以后，取得不错的收视成绩，极大地提升了保生大帝信仰的知名度。

第五，制作动漫，拓宽产业化的道路。2013年初，水墨动画《保生大帝之奇儿夺宝》经过19个月的制作，在厦视三套播出。该动漫作品是厦门市重点扶持的文化项目。《保生大帝之奇儿夺宝》共52集、676分钟，以中国水墨画为风格，用三维技术制作而成。该剧还曾在台湾金门试映，吸引了当地民众的热情关注。《保生大帝之奇儿夺宝》之后还有《灵童学医》《杏林风云》《阴阳合一》《神医归来》《三星归位》《医神谁属》《帝佑苍生》等七部作品。这些动漫作品以全新的形式传播保生大帝信仰文化，拓宽了保生大帝信仰资源的产业化道路。

但保生大帝信仰资源的产业化过程中也存在一些问题。比如保生信仰文化的产业经济潜力还没有得到充分发掘。保生信仰作为一种文化资源进行产业开发,除了常见的宫庙景区旅游外,还要特别重视他作为海神、地方保护神、医灵等方面的功能。保生大帝所著的《吴夲本草》在海峡两岸有着广泛信众基础,可以作为保健和医疗资源加以大力开发。而保生大帝信仰资源产业化开发中比较突出的一个问题是产业链衔接的问题:青礁慈济宫景区虽然经过修葺扩建,已经跻身国家4A级风景区,但相关的对外宣传不够,在全国的知名度不高;《神医大道公》电视剧和《保生大帝之奇儿夺宝》动漫作品虽然已经制作完成并投放市场,但后续衍生产品的开发并没有跟进,甚至连相关人物形象旅游纪念品的开发也不到位。当然,保生大帝信仰资源开发所存在的问题,有一部分是由于对保生大帝信仰文化进行弘扬首先是出于政治方面的考虑而导致的。

本章的最后要探讨的是目前在中国海神信仰资源产业开发中出现的一些问题,主要包括:海神信仰内容疏离、生存空间狭小、信仰资源开发不足等。

首先来看海神信仰内容疏离的问题。随着海洋生产技术和航海技术的提高,涉海风险大大降低,涉海人群数量也迅速减少,海神的主要职能已经发生了变化。比如天津天后宫妈祖信仰功能已经由最初的海航保护神到如今的求医问药、金融炒股,而且呈现香火渐衰之势。妈祖信仰的内容几乎已经脱离了海洋,香客对主祀护航女神林默的身世渊源知之甚少,海洋信仰的自觉性已经淡化。其次来看海神信仰生存空间狭小的问题。在无神论的指导下,海神信仰的生存空间从新中国成立之初就遭到了大幅挤压。经历"文革"破四旧之后,包括海神信仰在内的传统民间信仰生态遭到了批判。科学与迷信的二元论思想在当今中国社会还比较普遍,并由此出现了信仰类非遗项目申报困难的普遍情况。在这种大环境下,海神信仰的生存空间也很狭小。各地海神信仰都不得不借助民间文艺、曲艺等形式进行弘扬,信仰内涵已经大大削弱。再次来看海神信仰资源产业开发不足的问题。开发不足的问题主要与政府是中国海神信仰资源的产业开发的主要主体有关。即使有企业参与开发,所从事的也只是信仰资源的周边产品开发,如本章开头提到的翊翔公司。市场规律基本没有在海神信仰资源的产业开发中发挥作用。那么,在未来能否引入企业或者非营利组织作为海神信仰资源开发的主体,而政府仅提供指导呢?这是一个可以继续探讨的问题。

第二章 中国海洋节庆文化及其产业开发

中国海洋节庆文化活动体现了中国涉海人群的海洋观念、生命观念、审美观念以及生产生活等观念，是中国传统海洋思想的反映。海洋节庆文化活动最能表现涉海人群对海洋的感情，是海洋文化产业开发的重要对象，也是最容易被进行产业开发的海洋文化资源之一。

一、海洋节庆的概念及其产生

节庆意为节日与庆典，是在比较固定的时间里，通过特定主题的展示、表演和庆祝等文化活动将民众聚集起来的社会活动。从节庆性质来看，我国节庆可以分为单一性节庆和综合性节庆；从节庆内容上来看，有祭祀节庆、纪念节庆、庆贺节庆、社交游乐节庆等；从时代性上来看，有传统节庆与现代节庆之分。传统节庆与传统文明伴生，民众约定俗成、世代相传，其目的大都是为了适应自然环境，调节人际关系，传承文化理念，表现形式包括禁忌、风俗、祭祀、庆祝、娱乐等语言与行为。而现代社会的节庆则大都是一种有组织的社会活动，形式多样，内容丰富，包括饮食节、电影节、艺术节、游行活动、展示活动、竞技表演、艺术和手工展览、民族节庆、专题节庆等，持续时间从一天到数月不等。

不同的节庆活动反映了民众的生活生产和精神信仰情况，反映了不同民族、不同地区民众的观念和希望。因此节庆从本质上来看，是一种文化现象，即节庆文化。节庆文化反映了一个国家、一个民族或一个地区的民众在漫长的历史过程中形成和发展的民族文化和地域文化。在代代相承的节庆活动中,民众的行为为其不断增添文化力量,使其形成内容繁多、异彩纷呈的各种活动,不断诠释和演绎出更加精彩的节庆文化现象。

海洋节庆是发生于滨海地区的季节性节庆文化活动。作为一种特殊的节庆形式,海洋节庆的发展与海洋生产生活的历史基本上是一致的。最初的海洋节庆源自对海洋力量的敬畏与依赖。不仅是滨海地区生活的民众会对海洋产生这样的感情,内陆的民众对海洋的印象也是神秘莫测的。"海"字,《说文解字》解释为"从水从晦"、"海,晦也",晦就是昏暗、不清的意思。海洋的浩瀚和神秘莫测,激发了民众的想象,创造出了各种神祇,修建庙宇进行祭祀和供奉,并在特定的时间进行大型祭祀活动。总的来说,海洋节庆的发生与海洋信仰密切相关。"渔民出海从事渔业生产活动前通常都要祈求神祇保佑他们顺利平安,这就是渔业节庆的最初萌芽。"[①]祭祀与供奉活动年年举行,便成为一种习俗世世代代保存下来,并且不断得到丰富和发展。但是,海洋节庆的发生是多源的,也有一些节庆活动的产生是与海洋生产与生活方式相关。比如浙江沿海的三月三走沙滩节就源自海滩劳作。

农历三月初三是一个重要节日,相传是纪念黄帝的节日,因为三月初三正好是传说中黄帝的诞生日,民间有"二月二,龙抬头;三月三,生轩辕"的说法。三月初三也是道教真武大帝的寿诞。真武大帝即玄天上帝,也称玄武,真武真君,传说他生于上古轩辕之世。而玄天上帝曾是古代汉族最高天神。三月上巳日则是古代汉族民众在水边举行祭祀礼仪,洗尘除垢,消除不祥的节日,这种习俗就是祓禊。魏晋以后,三月上巳日的祓禊多在三月初三日举行,且消除不祥的内涵逐渐淡化,演变为水边聚会宴饮,踏青游春的节日。正如杜甫的《丽人行》里所描绘的"三月三日天气新,长

---

① 柴寿升,常会丽.中国渔业节庆开发研究.济南大学学报(社会科学版),2010(3).

安水边多丽人”。因为农历三月正是春意盎然的时节，山青水绿，桃花、樱花、山茶花、油菜花等都在此时开放，民众喜欢在此时到郊外游春，享受大自然的美景。而在少数民族地区，三月初三也是一个十分重要的节日，比如壮族的歌圩节、畲族的乌饭节、土族的鸡蛋会、布依族的地蚕会、侗族的花炮节、瑶族的干巴节等。

而在滨海地区，农历三月初三却是“踏沙滩节”。三月三踏沙滩节始自沙滩上的渔业劳作生产活动。在浙江沿海一带历来广泛流传着这样两句俗语：“三月三辣螺爬沙滩”，“三月三螺子螺孙爬上滩”。农历三月初三前后，海水水温升高，浅海栖息的辣螺（即疣荔枝螺）纷纷爬上沙滩进行繁殖活动，沿海渔民便男女老少全家上阵，带着沙蟹桶、渔篓、沙蛤耙到沙滩上去捡拾辣螺，因此产生了三月初三前后集聚海滩捡拾辣螺的劳动习俗，在此习俗的基础上，民间还产生了《辣螺姑娘招亲》等相关传说故事，并有根据传说故事改编的同名越剧，以及招亲娱乐活动。后来随着人口的增长，辣螺资源的逐渐枯竭，捡拾辣螺的劳动习俗逐渐消失。但民俗一旦形成就具有难以改变的惯性。每年到了三月初三前后，渔民们依然喜欢拖家带口到沙滩上走一走，因此形成了三月三走沙滩的生活习俗。

二、中国海洋节庆文化资源

中国沿海地区拥有丰富的海洋节庆文化资源，这些节庆文化资源是海洋文化的组成部分，也是海洋节庆产业化的基础。从起源来看，中国海洋节庆文化资源可以分为如下几种：

（一）起源于民间海神信仰的海洋节庆资源

民间信仰是由原始宗教演变出来的内容丰富多彩的宗教信仰和崇拜，民间信仰所崇拜的对象往往是历史上真实存在过的人物，民间海神信仰是民间信仰的重要组成部分。起源于民间海神信仰的海洋节庆资源一般具有悠久的历史，以下为代表性的海洋节庆资源：

1. 民间祭海

中国民间祭海起源于原始自然崇拜，所祭祀的对象从没有具体形象的海洋力量发展为有动物形象的龙神，再到人形象的鬼神，反映了民间祭海的悠久历史和漫长演变过程。中国沿海地区的民间祭海一般发生于渔汛期开始时及结束时。出海捕鱼前祭海的目的在于祈福，渔汛期结束后祭海的目的在于感谢神灵的护佑，这两种祭海仪式后来分别发展为开洋（渔）节与谢洋（渔）节。除此之外，中国民间祭海还可能发生于新船第一次下海，以及海神寿诞日等特殊时间。

浙江沿海民间的祭海分别在渔汛期开始和结束之时。具体的祭海仪式在不同的地方也有差别。舟山群岛汛期开始时的祭海仪式相当隆重，三牲为必备祭品，而祭祀的地点或在船头，或在船尾圣堂舱。船头祭祀的对象为龙王，船尾则祭祀菩萨。渔民们点起香烛，向龙王或菩萨三敬酒，然后跪拜祈福。在渔汛结束后，舟山渔民也会举行大规模的祭海，称为“谢洋”或“谢龙王”。渔民们认为，不论收成丰歉都要感谢龙王或其他海神。对渔民而言，这也是在繁重的劳动之后一次难得的既可以饱餐几顿，又可以娱乐和聚会的好时机。在浙江东部沿海的鄞县（今宁波市鄞州区），对船（网船与偎船组成一对对船）出海捕鱼前，要先“请菩萨”。更衣沐浴过的渔民在十三下锣声中将写着“天上圣母娘娘”的黄布袋（称为“佛袋”）捧至船上，并钉在船舱内。也有请木雕的菩萨娘娘或者关羽像的。“请菩萨”结束后，船老大要邀请亲戚朋友上船吃酒。等到出海时，渔船就在鞭炮声中驶出港口。台州的渔船在渔汛出海时，船老大要到海神庙烧香请“老爷旗”。“老爷旗”请回后插于船尾，当作护船符。然后要“开船眼”，即用银汤（放有银元的开水）浇船眼。银汤还要淋于船头、左右舷、帆、舵和橹，意为驱邪扶正，大吉大利。然后在船两侧祭神鬼，船左祭海神，船右祭海鬼。

祭海仪式进行得是否顺利决定了渔船是否能立即投入渔汛。舟山一带的渔船在祭海时要在船上点燃香烛，如果烛火被风反复吹灭，则预示着行船不利，必须延期开船，择期再次举行祭海仪式。

广东沿海渔民的祭海仪式在关帝圣诞（农历五月十三日）和中元节（农历七月十五日）举行。祭海时，渔家用供桌摆出满满的祭品，祭品上面插着彩旗，并点燃香烛，燃放鞭炮。闽南和台湾很多渔民的祭海时间都选在农历七月廿九日，但他们所祭祀的对象不同。闽南渔民祭祀海龙王，而台湾渔民则祭祀那些在海上遇难而成护航神的无名海神。台湾渔民的祭海不是在渔船上而是在海滩上举行。每逢农历七月廿九日，渔民便挑着祭品从四面八方来到海边，把它们全都摆在海滩上，由主持人焚香祷告，男女老少一齐跪拜，感谢无名神灵的恩德。拜毕焚香烧纸箔，最后渔民们围坐一起分享贡品。

在浙江舟山，新船第一次下海时也会举行祭海仪式。所用祭品为全猪全鸭和馒头长面，所祭对象为关羽关老爷。祭祀结束后，船老大还要“散福”和“酬游魂”。所谓“散福”就是向帮忙推船入海的渔民送谢礼。所谓“酬游魂”就是将一杯酒和少许碎肉抛入海中，祭祀那些溺死于海中的野鬼，希望他们为行船提供方便。

辽宁地区辽东湾二界沟渔村的祭海仪式很特别，具有非常明确的目的。这一带海域盛产毛虾和海蜇。毛虾的捕捞盛期是农历五月十三日前后。此时毛虾性腺成熟，个体肥大。渔民要举办祭祀海神的活动，祈求多捕捞毛虾，这次祭海仪式被称为“五月十三樯”。而农历七月十五左右还有一次祭海仪式，则被称为“告海蜇”。因为此时是海蜇生长的黄金时期，数量很多。但海蜇混在渔网里，影响鱼虾的捕捞，还会撑破网具，所以要举行祭祀状告海蜇，祈求海神绝此恶种。这两次祭海也都是在陆地上举行的。“五月十三樯”和“告海蜇”都是由当地渔会出面组织，用猪头、寿桃、面糕、米糕等贡品，请九沟八汊的神灵和上、中、下三路神仙到场,主要内容是向海神祈求多出毛虾,灭绝海蜇,并许愿演戏酬报等。

民间祭海节庆有时候也有不同的称呼,比如在旅顺口区北海镇、双岛镇一带沿海渔民中,就被称为“海龙王生日节”,也称“北海渔民节”。该节庆的历史可以追溯至秦汉以前,是民间自发的祭祀活动,旨在祈求海龙王的护佑。当地传说认为海龙王诞生日为农历六月十三。到了这一天早晨,渔民们便如过年一般,换上新装欢聚在海滩。为海龙王准备的生日祭品包括全猪、全羊,以及鸡蛋、白菜、粉条、馒头等,然后在海滩上举行祭酒仪式。祭酒仪式结束后,渔民开船出海,在海面上燃放鞭炮,并在船舱内摆家宴,全家欢聚一堂,共同分享海龙王的生日祭品。

2. 龙抬头节

农历二月初二,又称“龙抬头”或“青龙节”,是中国的传统节日之一。民间传说认为,这一天是主管云雨的龙王抬头之日,此日之后,雨水会渐多,气温回升,春耕即将开始。这一节日的产生与民间信仰、农业生产、古代天象以及地理环境都有关系。在沿海地区,龙王是得到广泛崇信的神,沿海民众庆祝龙抬头节主要与民间信仰有关。龙神在沿海民众心目中有重要地位,为了庆祝它的抬头,二月初二日这一夜,家家户户通宵燃灯。在沿海地区,龙抬头节的节日饮食讲究也颇多,节日食品一律要冠之以“龙”字。如龙抬头节的早餐为面条,称为吃龙须,取诸事吉顺之意。炒黄豆、水饺、春饼等都是沿海地区龙抬头节常见的节日食品。炒黄豆谓之“炒龙蛋”,据说食之可除病恶;水饺谓之“龙耳”,食之耳聪;春饼谓之“龙鳞”,食之强健身体。龙抬头节还有诸多忌讳,比如忌动用针线刀斧,怕伤到龙神。以上诸俗,表现了龙在沿海人心中的地位。

3. 游神节

民间信仰与宗教信仰不同,前者实际上是缺乏神圣性的,所以在民间信仰中存在一些对神灵的不尊重甚至是渎神的现象,海洋民间信仰中的游神节就是此类现象之一。

在潮汕地区，农历正月廿一日、廿二日两天会举行游神的仪式，此仪式中最活跃的是澄海的盐灶乡。游神时需要先将神从神庙里请出来，然后缚在轿子里游行。而乡民则分为两部分：抬神、护神与抢神、摔神。当年轮值抬神游行的壮汉都要斋戒沐浴净身，穿一件新缝制的短裤，袒胸赤膊，周身涂上豆油。他们用绳子把神像牢牢地捆缚在神轿里，在村中游行。抢神的队伍则紧紧跟着抬神队伍，待抬神人游至指定的地点时，众人吆喝一声，便一齐冲上去，有人揪住抬脚的壮汉，有人把神像拖下来。因抬神的乡民之前已经在赤身上涂有豆油，滑溜溜的不容易揪住，所以在抢神的过程中，护神与抢神的队伍扭成一团，增强了娱乐性。神像最终会被拉神的人从轿子上拉下来，但经过一番争抢，神像往往受损，不是脸破就是脚断手折。此时，抢神的乡民还要将神像推下池塘里去浸泡。至此，游神的过程才结束。但游神节还未完全结束。乡民们会选择吉日，将神像从池塘里打捞起来，重塑金身，送回神庙，继续享受香火。当然，重塑金身的神像到明年此时还是会被摔、被淹。

作为一项传统的娱乐活动，游神受到周边民众的欢迎，每年都有不少慕名前来的民众为游神、摔神喝彩助威。由于围观者人数众多，不少民众甚至骑上墙头，登上屋顶观看。

潮汕盐灶乡的“摔神”习俗的形成与当地一个传说有关。很久以前，这一带的乡民对待神灵也是恭恭敬敬，每年游神节期间都要将神像从神庙中请出来游行并供以丰盛的供品。抬轿游神的任务是乡民轮流承担，抬轿者不仅要出力，还要出钱买供品。传说在清朝乾隆年间，当时轮到一个家境贫寒的青年渔民抬神轿，他虽有力气抬轿却无钱购置供品，害怕乡民嘲笑，心里很愤懑。于是他就在游神的前夜，将神庙中的神像抱到海滩上，对神像拳打脚踢以发泄怨气。但此后他意识到无法在乡里待下去了，就偷偷漂洋过海去了泰国。青年渔民在泰国发了财，多年以后衣锦还乡。当他诉说起当年离开家乡的原因时,乡民们都觉得神灵好歹不分,对神不恭者居然能发大财。于是乡民们也模仿他的做法,希望能和他一样发财。自此潮汕一带就有了"摔神"的习俗。乡民所摔之神范围非常广,甚至连渔民最崇敬的天后妈祖也不能幸免。当然,摔神仅限于游神节期间,其余时间乡民对神灵还是顶礼膜拜,相当崇敬。①

(二) 起源于宗教信仰的海洋节庆资源

宗教信仰与民间信仰不同,宗教是一种具有完整理论体系的特殊的社会意识形态,而民间信仰则是一种在特定社会经济文化背景下产生的以鬼神信仰和崇拜为核心的民间文化现象。总的来说,宗教信仰具有神圣性,而民间信仰具有世俗性。我国是一个多宗教的国家,其中,佛道两教对民间社会的影响最为深远。滨海地区起源于宗教信仰的海洋节庆资源以海灯节最为经典。

海灯节在滨海地区是一个民众认可度相当高的节日,它源于道教的中元节和佛教的盂兰盆节。

东汉时道教就有了较早的节日:三会日与五腊日。"腊日"是古代祭祀祖先、百神之日,道教根据这一习俗创制了五腊日,即正月初一为天腊,五月初五为地腊,七月初七为道德腊,十月初一为民岁腊,十二月初八为王侯腊。后来,道教又将中元地官的诞生日和相应祭祀日期定于七月十五日。道德腊便逐渐与中元地官的祭祀合为一日,发展为七月十五中元节。农历七月,不少农作物已经成熟并收割,民间在此月原本也要用新米等祭祖,向祖先报告秋成。这一习俗与道教中元节合流,发展为民众上坟扫墓,祭拜祖先的中元节。

佛教在传入中原之前,印度就有举办盂兰盆会的活动。《大盆净土经》记载,当年印度的频婆娑罗王、须达长者和茉莉夫人

---

① 郑松辉.文化传承视野中潮汕海洋文化习俗探微.汕头大学学报(人文社会科学版),2009(6).

等,为求灭除七世父母的罪业,都曾经依照《盂兰盆经》造五百金盆供养佛和僧众。盂兰是梵语,译为“救倒悬”,意思是解救无法描述的痛苦。盂兰盆,就是用干净的碗钵盛种种净洁美食,供养十方僧众,然后将父母亲人从倒悬之苦中解救出来。《佛说盂兰盆经》中记载,佛陀的大弟子目犍连尊者证得神通之后,想要救度父母。他运用天眼通的能力遍寻,却看到其母堕于饿鬼道之中,目犍连送去的饭食未入口皆化为火炭。目犍连于是向佛陀请求开示解救的方法。佛陀说由于其母业报太深,不是目犍连一人的能力可以救度,必须依仗十方众僧修行的力量,以及供养僧宝的功德才能救其母脱困。目犍连照着佛的指示去做,果然使其母得脱饿鬼道之苦。《佛祖统纪》记载:梁武帝首次根据《佛说盂兰盆经》的仪式,创设盂兰盆会。由于梁武帝大力提倡,民间各阶层人士无不效法遵行。到唐代,盂兰盆会已经成为场面盛大的民间节日。盂兰盆会与道教中元节都与祖先祭祀有关,所以后来发生了合流,也于七月十五日举行。

根据民间传说,从农历七月初一起,地府中的游魂野鬼就开始被释放出来,他们可以在人间游荡一段时间,接受人们的祭祀,直至七月二十日,鬼门关闭。因此在七月十五日,民众的祭祀对象就不仅仅是祖先,为了防止孤魂野鬼作祟,也要祭祀孤魂野鬼。每年到了农历七月十五日,民间都会宰鸡杀鸭,焚香烧纸钱,拜祭祖先亡灵和地府出来的饿鬼,化解其怨气,不至于贻害人间。

七月十五日夜,沿海居民于海边放海灯,祭祀无主的野鬼和意外溺水而亡的人。在不同沿海地区,放海灯的习俗稍有差别。

山东沿海的海灯节比较隆重,由祭祀、水陆法会、放焰口、放海灯等环节组成。当日中午,家家开火煮饺子,饺子煮好后,主妇浇上饺子汤,用筷子搅碎,泼洒在大门左右,是为了祭海上溺死的无主孤魂。午后,家有海难溺死之亲人的,家人便到死者衣冠冢前祭奠,烧纸、哭祭、洒酒。水陆法会要在宽敞的地方设大型香案,香案上摆放祭品。同时要请僧道两众筑台诵经作法，超度无主孤魂。和尚与道士一边诵经，一边将事先准备好的小馒头向台下抛撒。参与法会的民众无论男女老幼都争抢馒头，当地俗信：吃了这样的馒头可以祛病消灾。这天夜里，要举行放焰口仪式。放焰口要在海边举行。参与水陆法会的僧道与民众在纸扎的巨鬼开道下移步至海边。僧道念经，超度亡灵，民众则将用笸箩盛放着的小馍馍、米饭等，抛撒到海中。在放焰口的同时，要放海灯。海灯一般是船形，下面固定一块木板，使其可以漂浮在海面上。荣成渔民特别重视放海灯。家中有溺水而亡的亲人，渔民则将海灯制作成毁于海中的船只的样子，在船上写上死者姓名，放置糖果或死者生前爱吃的东西，有的甚至放入衣服鞋袜以及死者生前喜爱的生活用品，然后点燃蜡烛，将船形海灯放入海中。放船时还要一边念祷："某某某，给你送水灯啦，你有神灵，上灯船吧……"除了为溺水而亡的亲人送海灯之外，渔民们还会另外扎制一只大船样的海灯，是为了收容无主的孤魂。[1] 施放海灯的民众认为当海流吞没了海灯，鬼魂就得到了超脱。

浙江象山沿海一带的海灯节与山东沿海有明显区别，娱乐性很突出。象山的海灯节又称"七月半"，也是在农历七月十五，其来源也与宗教信仰相关，也要进行祭祖和放海灯的仪式。但这一带的海灯却与元宵节的花灯类似，五彩缤纷、品种繁多，并不仅限于船形。一进入农历七月，象山的渔民就开始用世代相承的高超手艺扎制各式彩灯。为了能漂浮在海面上，象山一带海灯的底座用稻草制成。首先用竹子做成"十"字或者"井"字形的骨架，骨架的大小根据海灯大小而定，然后再将稻草绑织在竹子上。当代海灯的底座也有用塑料泡沫制作的。海灯主体用绢或用纸制成，式样有虾灯、鱼灯、蛤蜊灯、蟹灯、荷花灯、海星灯、六角灯、八角灯、宝

---

① 山曼，单雯. 山东海洋民俗. 济南出版社，2007：163.

莲灯等，其中最重要和数量最多的要数海生动物形状的灯。

此外，还要事先准备美酒佳肴。象山的海灯节有其特殊的节日食品：月饼筒和麦糕。麦糕就是馒头，而月饼筒则是以麦粉糊烙成的一只只圆圆的薄饼，比成年人手掌略大，厚度极薄，像一轮圆月。这薄饼是用来卷馅的，如同那道有名的京酱肉丝卷饼的薄饼一般。象山薄饼所卷的馅大多是海产，蛏肉、牡蛎肉等，也有肉丝、豆芽等，不拘一格。吃的时候，馅如同菜一般，炒好以后一盘盘上桌，随人们喜好而任意包卷。但在家人开动之前，有一项必不可少的传统仪式——祭祖。当美食美酒上桌以后，板凳、餐具也要摆放整齐，然后点起香烛，请祖先先享用美食。主妇们往往会与祖先"沟通"一番，其中必不可少的一句是："大人呵，你吃饱了晚上等着儿孙给你放水灯照个亮。"祖先享用完毕后，焚烧纸钱，然后家人方能围坐一起用餐。

放海灯选在天黑以后，还要等待潮位。如果当天潮位好，可以在近岸或近岸的船上放。但潮位不巧时，就需要驾着舢板往外摇。外海放灯一般由成年男子完成，他们将灯一盏盏地放到海中，一次放下的海灯少则几百盏，多到几千盏不等。[①]

（三）起源于海洋生产劳动的海洋节庆资源

不少海洋节庆的产生与信仰没有直接关系，而产生自滨海民众日常的生产劳作中，因生产而形成习俗，因习俗而形成节庆。比较典型的起源于生产劳动的海洋节庆有走沙滩节、龙凤日和渔船生日。

1. 走沙滩节

在农历三月初三前后，沙滩温度和海水温度都逐渐升高，浅海海螺便于此时爬上沙滩产卵，渔民也在这个季节到沙滩拾螺，并形成劳动习俗。后来，随着滩头资源的逐渐枯竭，爬上滩的螺变少。

---

① 奇山. 潮烟人家. 浙江人民出版社，2003：12－15.

但每年三月初三在沙滩捡拾海螺的生产习俗演变成了生活习俗，沿海一带百姓依然习惯在这个时候扶老携幼到沙滩上走一趟，因此形成了走沙滩节。

关于走沙滩节的形成，在浙江象山石浦一带还有一个美丽的传说：在石浦渔村里有一个小伙子，他非常勤劳善良，每天都出海去捕鱼。有一年的三月三，小伙子捕鱼时在海边的沙滩上拾到一只大辣螺。他将辣螺带回家，养在水缸里。有一天，小伙子捕鱼回到家，发现桌子上摆满了热气腾腾的饭菜，却不见任何人。这样的事情连续发生了几天，小伙子也找不到究竟是谁在帮他。于是有一天，他假装去打渔，却半途返回家，躲在窗口外朝里看。水缸里走出一位美丽的姑娘，帮他做好了饭。小伙子推门而入，发现这姑娘正是辣螺所变。后来两人成婚，生下一双儿女，过上了幸福的生活。每年三月三时，他们一家人都要到沙滩上走一走，让海里的辣螺们来沙滩上看望这幸福的一家。因此，每到三月三的时候，石浦人都喜欢去沙滩捡辣螺，看看能不能捡到个美丽的辣螺姑娘。[①]

当代的"三月三，走沙滩"已经形成了融戏曲歌舞、杂技、体育、渔业竞技项目为一体的综合性节庆活动。三月三日那天，当地渔民和游客欢聚在沙滩上，听潮、观涛、捡螺、看表演，欢度一年一度的走沙滩节。

2. 龙凤日

正月廿五日在渔民中被称为"龙风日"，实际是"龙凤日"，取龙凤呈祥之意而命名为"龙凤日"，渔民们希望新春伊始风调雨顺，一年里都顺利吉祥。龙凤日就是以风向预测年景的节日。风是最影响渔民们海上作业的自然因素之一。渔民在正月廿五日这一天通过观测风向以预测年景。如果龙凤日这天无风且天晴，则

① 三月三 踏沙滩. 象山县教科研网，2005 - 07 - 28[2005 - 11 - 03]. http://jky.xsedu.net.cn/Article/ShowArticle.asp? ArticleID = 557.

预示着当年渔业会获得大丰收。如果这一天刮四面风，风力不大不小，则预示着这一年海上劳作大吉大利。渔民们还以四面风刮的时间长短预测各种鱼的收成，比如刮东南风的时间长，则表示当年的黄花鱼要获得丰收。若是刮单向风就迎风设祭，迎接财神。如果正月廿五日这天刮大风，渔民们便会烧半炷香，将其作为神的警示记在心里，提醒自己这一年海上作业要小心谨慎。龙凤日这一天，不仅要观测风向，还要到龙王庙祭拜，祈求一年的风平浪静和渔业丰收。中午时分，渔民们还要将渔网捆扎整齐，放在院子中央，对着渔网摆供烧香，祈望渔网能带给他们一年丰收。[1]

3. 渔船生日

渔船生日对沿海渔民来说也是一个重要节日。渔船的生日也就是渔船的诞辰。渔船生日的计算方法在不同的地方各有不同。有些地方将竖船龙骨日作为船生日，有些地方把新船船体完成的那一天当作船生日，还有以新船下海日作为船生日的。渔船生日一旦确定下来就不会更改。渔船生日有小寿、中寿、大寿之分。一般来说，五年寿龄以下为小寿，五年为中寿，十年为大寿。因为在海上行驶的木制渔船使用期有限，十年以后一般要大修或报废，所以十年龄的船就相当于人中的古稀，要庆祝大寿。而寿礼的规模也与船龄有关，大寿规模最大，中寿次之，小寿最简单。

每年到了渔船生日这一天，船老大和船员们都会为渔船庆贺生日。过生日的渔船，在船头、船尾遍插彩旗，大桅上挂着“寿”字大旗。船老大在渔船生日这一天要沐浴净身，早晨用三杯净茶及四色糕点供祭船老爷神像，中午在船头供祭一桌福礼。供品包括寿糕、寿饼、寿麦，还有猪头和羊、鱼、肉等。寿烛所用的蜡烛是特大号的，在上午涨潮时点燃。潮水涨到最高处时，拜寿仪式就开始了。船老大及其亲属、全体船员都要参与拜寿。拜寿要按次序进

① 许桂香. 中国海洋风俗文化. 广东经济出版社，2013：200.

行，先是船老大，然后是本船船员，其次是亲朋好友。拜寿时，众人要祷念吉语，如"船老爷寿高，捕鱼人福好"、"船老爷福如东海，捕鱼人财随潮来"等。当潮水涨平，渔船上开始鸣放寿炮，船老大焚香燃纸，送船老爷归位。船老爷神位撤去后，拜寿仪式就基本结束了。参与祝寿的人就可以聚在一起吃寿酒。有渔谚曰："船老爷做寿，肚皮吃得滚圆。"在贫苦的渔民中，为船老爷祝寿其实也是难得的祭自己五脏庙的机会。

当代，渔民们仍然要为渔船生日举行隆重的仪式，但办酒席的地点却改在了饭店里。吃完以后，船老大还会请船员和亲朋到卡拉 OK 厅里唱歌。①

（四）起源于传统节气和节庆的海洋节庆资源

滨海地区的不少海洋节庆的来源还与传统的节气相关。

1. 渔民节

农历四月二十日是渔民节。渔民节起源于二十四节气的"谷雨"，曾名为"谷雨节"。谷雨是二十四节气的第六个节气，谷雨节气的到来意味着寒潮天气基本结束，气温回升加快，有利于谷类农作物的生长，因此有"雨生百谷"之说。在内陆地区，这是一个播种移苗、埯瓜点豆的最佳时节。而谷雨对渔业生产也是一个重要的节气，有渔谚曰："谷雨百鱼上岸。"因此，谷雨一过，休整了一冬的渔民们也就整装待发，即将出海捕鱼。渔民们在出发之前，为了祈求航行的平安和渔业的丰收，要进行盛大的祭神仪式，向众神献祭。清代道光年间，谷雨节易名为渔民节。因为在这个节日里，为了充分调动生产积极性，渔民们也允许自己狂欢一番。渔民节这天沿海渔民按传统隆重举行"祭海"活动，祈求海神保佑出海平安，鱼虾丰收，向海神娘娘进酒，然后饮酒庆丰收。此外还有许多渔民们擅长的娱乐活动，如有划船、摇橹、拉船比赛，尽显渔村风

---

① 殷文伟，季超. 舟山群岛 · 渔船文化. 杭州出版社，2009：83－84.

采。到了夜里，渔民们还在海船上挂出一盏盏花灯，形成海上灯会。[①]

2. 海洋风筝节

沿海地区的风筝节在农历九月初九，也就是重阳节这一天。民间在该日有登高的风俗，插茱萸、赏菊花的习俗。在我国南方地区，自古就有重阳节放风筝的习俗。这是因为每年从中秋到重阳节期间，南方地区天气晴朗，秋风劲且顺，是风筝上天的最佳时节，放风筝便自然成了民间的活动。而南方沿海地区，尤其是在那些背山面海，旷野辽阔之地，更是放风筝的绝佳场所。比如广东阳江地区在九月初九放风筝的习俗已有1 000多年的历史。早在宋代，阳江当地一位名叫王亘的州官在北山一块大石头上凿了一个“流杯池”，每到重阳佳节，就邀请各界名流汇聚于此，一面行“曲水流觞”，一面赏风筝。阳江百姓也在山间支起帐篷观看。《阳江县志》载：“重九日，结伴携酒选胜登高，士人赋诗，儿童放纸鸢较高下。”阳江当地的放风筝习俗到了清代发展到高潮，清人林葆莹曾有诗云：“浮屠七级北山坳，纸鹞参差万影交。”阳江放风筝的习俗逐渐发展为风筝节。当地居民在中秋节前几天便在山上找好位置，安营扎寨。到重阳当天，北山上下人山人海，还有不少卖生果、海鲜、熟食的小贩，热闹得像集市一般。民众一边看风筝，一边在饮酒猜拳或饮茶打牌，直到天黑尽兴而归。

阳江风筝品种繁多，构思精巧，格调古雅，与潍坊风筝南北并称。阳江传统风筝中最有名的是“生气风筝”，放起来随风飘舞，栩栩如生，造型有蜈蚣、灵芝、崖鹰等；还有一种是“排蓬风筝”，能鼓风而上，在高空定位，任人观赏，花鸟虫鱼、飞禽走兽都是常见造型；另外一种是“风蛾风筝”，能在空中自动点燃炮仗，如同火箭一般。

---

① 许桂香. 中国海洋风俗文化. 广东经济出版社，2013：194－195.

风筝节放的风筝有龙类、板子类、软翅类、硬翅类、商标类、串类、软体类、立体类，鸟、鱼、虫、瓜果、物象、人体等形状，式样千姿百态，工艺精湛，制作精巧。

3. 渔灯节

农历正月十五是元宵节。闹花灯是元宵节的传统节俗，在我国沿海地区，流行着从元宵节闹花灯习俗派生出来的专属沿海渔民的渔灯节。渔灯最初的意思就是渔船上的灯火。由于常常有渔船因为在海上遇到大风浪而无法返回家乡，元宵节期间，渔民们便将花灯挂满渔船，或相互赠送，寓意着照亮回家的航程。渔灯节在沿海各地的时间稍有不同，比如在蓬莱沿海地区，就有正月十三和正月十四过渔灯节的。节日这一天，渔船纷纷挂起彩旗。而到了晚上，住宅各处都燃起了灯。渔民还到祖坟送灯。无论是宅里的灯还是祖坟上的灯，都称作“家灯”。渔民还要敲锣打鼓，上船送灯，这些灯就被称为“船灯”。船灯往往处处放置，前灶舱、太平舱、后铺舱、船头、船尾，各处都明亮起来。船主还须手提灯笼，绕船数周，以求光照全船。供奉有海神娘娘庙的渔村，渔民还要到庙里祭祀焚香，烧纸送灯，以祈求来年平安发财。有些地方的渔灯节，还要在海神娘娘等神庙前搭台唱戏，进行扭秧歌、舞龙等娱乐活动。在旅顺沿海地区，渔灯节的时间是在每年正月十三日。正月十三夜间，渔民男女聚在海滩，将精心扎好的彩船灯点上蜡烛放入海中。渔灯随海浪漂向大海深处，漂得远而蜡烛不灭者就预示着吉祥。放渔灯结束后，海岸上燃起鞭炮，敲起锣鼓，奏起唢呐，扭起秧歌，开始进行各种娱乐活动。①

4. 海上泼水节

海上泼水节是泉州蚶江地区的节俗。它的来历与传统端午节有关。根据《荆楚岁时记》的记录，农历五月为“恶月”，民间有“人

① 山曼，单雯. 山东海洋民俗. 济南出版社，2007：155－163.

沐浴”、“屋熏药”习俗，以避“秽气”。《大戴礼》也记录了五月五日，“蓄兰为沐浴”的习俗。这一习俗在清代的泉州地区已经很盛行。清乾隆《泉州府志·风俗》曰：“端阳……沐兰汤。”此外，泉州所在的闽南地区在端午节这天还有“汲午时水”习俗。端午节的“午时水”被视为“圣水”。当地民众认为以午时水泼身洗浴，除秽保健康。因此在端午节这一天，闽南地区的成年男子有赴江河湖海洗浴嬉水的习俗。台湾鹿港至今也保留着“汲午时水”，祈求平安健康的习俗。端午这天，蚶江渔民要休渔。一方面是为了过节，另一方面也是为了给船体补涂颜料，清洗船身，并重新在船身上描绘图案。这一天渔船都云集蚶江港口，船工们驾舢板，用木桶、戽斗等冲洗船只，并相互泼水嬉戏。在人沐浴、船洗身的端午习俗中逐渐发展出驾船竞渡，追逐泼水的海上泼水节俗。端午节当天下午一点钟开始涨潮的时候，渔民们就会驾着舢板船，手拿着戽斗、长勺、桶等洗船工具，从四面八方驶向蚶江古渡口竞渡穿梭，相互追逐倾泼，让海水洗掉晦气，带来吉祥。①

三、当代海洋节庆文化与产业开发

海洋节庆产业是依托于海洋节庆活动发展形成的节庆文化产业。随着旅游开发的深入，海洋节庆产业逐渐成为涵盖民俗展示、文艺演出、体育竞技、商贸洽谈、经济文化论坛等各种活动的综合性文化产业活动。随着时代的发展，很多传统的海洋节日进行了产业开发，被赋予了现代气息。比如山东荣成渔民过渔民节，已经不仅仅限于祭祀风俗，而是开展了多样的文化和经济贸易活动，既振奋了精神，又促进了地方经济的发展。当地政府为了顺应这一文化潮流，也于1991年开始举办荣成国际渔民节。荣成国际渔民节从最早的每年一次改为后来的每三年举办一次，以增进国内外

---

① 福建省文明办. 福建节庆习俗. 海峡文艺出版社，2011：295－296.

文化交流、发展经济、促进开放、共同繁荣为宗旨。在节日期间，荣成举办一系列的庆祝活动，比如海上运动项目、大型民俗观光旅游活动、经济技术贸易洽谈会以及海洋渔业博览会等。每年渔民节都有近万名中外来宾和10多万名当地群众参加。[①]

从海洋节庆产业所依托的核心资源的属性方面，可以将当代海洋节庆产业开发划分为如下几种类型：

（一）以海洋信仰为基础的海洋节庆产业开发

这一类的海洋节庆往往以海神信仰为中心，带有强烈的地域特色，是一种最常见的海洋节庆活动，体现了最传统的海洋文化形态，并且在文化传承性上具有连续性。不少信仰类的海洋节庆已经具有了上千年的历史，在当地往往具有很大的影响。福建湄洲妈祖文化旅游节、青岛即墨田横镇周戈庄的祭海节等都是其中的代表。

1. 福建湄洲妈祖文化旅游节

妈祖是起源于湄洲岛而在中国沿海各地乃至海外广受崇敬的著名海神。因妈祖崇拜而生的节庆活动历史悠久。早在宋绍兴二十六年（1156年），已经有由官方举办的祭祀活动，属国家祀典。宋以后的历朝都保留了官方祭祀妈祖的仪式典礼。元代皇帝曾三次派代表到湄洲致祭。明永乐年间，在南京天妃宫举行御祭，由太常寺卿主持。康熙帝也曾屡次派朝臣诣湄洲致祭。雍正皇帝则复诏天下向妈祖行三跪九叩之礼。民间自发的庆祝活动和纪念活动更不可胜数。台湾大甲镇澜宫每年举办的“妈祖进香绕境活动”是具有广泛影响力的宗教活动之一。

改革开放以后，妈祖庆祝活动规模越来越大。其中蕴含着的原始崇拜、礼仪祭祀、宗教活动、神话传奇故事、历史人物纪念等文化内涵越来越丰富。1987年举办的“妈祖千年祭”开启了闽台民

---

① 曲金良，纪丽真. 中国海洋大学出版社，2012：136－137.

间交流的先河,基于扩大两岸交流的目的,妈祖文化节庆活动越来越受到重视。在1992年10月4日妈祖羽化升天1 005周年纪念日,莆田市举行了"妈祖"特种邮票首发式。1993年4月14日,湄洲妈祖祖庙举行妈祖诞辰1 033周年纪念日。此后,每年的妈祖诞辰日和升天日,湄洲岛都会举行相关纪念活动。妈祖文化旅游节就是在妈祖纪念活动日益受到重视的情况下产生的。第一届妈祖文化旅游节于1994年5月7日开幕,由莆田市人民政府创办。该活动从1994年开始每三年举办一届,2000年起改为每两年举办一届。从2007年起,妈祖文化旅游节由福建省人民政府主办,文化部、中国侨联、全国台联、中国旅游协会、海峡两岸关系协会等担任指导和协办单位。随着规模的不断扩大,妈祖文化旅游节每年都能吸引大批海内外的妈祖信众和游客。

2. 青岛田横祭海节

田横祭海节举办地是在田横镇下属的一个较大渔村——周戈庄。周戈庄生活着上千户渔家,是青岛市政府命名的唯一的"民俗旅游村"。周戈庄东临大海,海的中间有一个岛,名曰"田横岛"。田横是中国秦末的一位名将,后人于此立碑塑像纪念,岛因此被命名为田横岛,镇因岛名,也曰"田横镇"。周戈庄及至田横镇的许多渔村,渔民们在每年谷雨前后出海之前的祭海并没有固定的日期。一般都在修船、添置渔具等渔业生产前的准备工作就绪后,选择一个黄道吉日把渔网拖上船,然后开始祭海。这种祭海仪式已经有500多年的历史了,但直到约100多年前,才形成了以家族或船组为单位的规模祭海。旧时的祭海叫做"上网",祭海的第二天就是正式出海的日子。到20世纪80年代,农村经济体制改革,渔乡经济日益繁荣,"上网"活动的规模越来越大,名声也越来越响。1987年,周戈庄村村委牵头组织了一次"渔业上网誓师大会"的仪式。当时,村里请了剧团以及外来宾客,渔民也邀请亲朋好友来参加,形成了一次以村为规模的较大型的祭海仪式。

1996年，周戈庄村村委会为祭海活动组织的便利，与渔民协商，将每年的3月18日定为祭海日，并逐步形成了周戈庄村的一个独特节日——“上网节”，后扩大为整个田横的祭海节。

田横祭海节在周戈庄祭海广场举行，祭海节的重点是祭海仪式。祭海仪式开始时，渔民们以船为单位在龙王庙前的海滩上开始摆供。供品包括面塑的圣虫、寿桃、鱼、各类糖果、点心等，其中最重要的是猪、鸡、鱼三牲，猪要黑毛公猪，鸡要大红公鸡。供品摆好后，渔民们还要准备好黄表纸、香炉以及鞭炮等。当主祭人宣布祭海仪式正式开始后，一时间鞭炮齐鸣，船老大们开始焚烧香纸，并把写好的“太平文疏”点燃，磕头朝拜。当地渔民相信谁家的鞭炮声大，谁家就会兴旺发财，因此在祭海仪式中，船老大们都会准备千万响的大鞭炮，上千挂鞭炮同时燃放的场面十分壮观。鞭炮声响起的同时，船老大们开始向人群中抛撒糖果，意味“散福”，当地有“谁捡的糖果多，当年即交大运”的说法。[①]

祭海仪式结束后，就是娱神活动了，娱神并娱人。大约从清代开始，田横当地传统的娱神活动是京戏。渔民祭海时都会请京戏戏班，连唱三天。当代的娱神仪式还包括锣鼓表演等各种娱乐表演。传统的祭海仪式结束后，渔民们都在船上聚餐，并欢迎亲朋好友来船上一同参加，他们认为来的人越多表明接到的祝福越多。当代渔民多在家里设宴款待前来参加仪式的亲朋好友，而祭品就成为聚餐的主要食材来源。在渔民传统饮食的基础上，当代田横祭海节活动期间发展出上百种当地风味小吃。不少渔家自办渔家乐，欢迎游客在自家火炕上居住，每晚花销不足百元。田横祭海在当地世代相传，具有很深远的影响，每年吸引青岛民众及中外游客几十万人次，宣传了地域形象，扩大了地域影响。

① 陆儒德. 黄海故事. 中国海洋大学出版社，2013：56.

（二）以传统海洋生产生活方式为主要基础的海洋节庆产业开发

三月三走沙滩节就是一个典型的在海滩劳动基础上形成的海洋节庆。当代走沙滩节以民间民俗文化活动为主体，内容有本地戏曲、娱乐项目，体育、渔业竞技项目，甚至还包括一部分域外的歌舞和杂技节目，具有民俗性、群众性、参与性和娱乐性等特点。其中的东海龙、渔家灯、跑马灯、舞龙灯、抬阁巡游等文艺表演最富有海洋文化特色。

台湾渔民节是名副其实的渔民的节日，其来源与海神崇拜并无关系，当然在发展过程中必不可少地带有了民间崇拜的色彩。

台湾渔民节是每年 7 月 1 日。台湾省渔会在 1959 年 11 月 25 日在台中市举行代表大会商讨成立渔民节时，曾有人提出以妈祖圣诞为渔民节日，但该日期以迷信为由被否决，最后选定台湾“渔业法”公布施行之 7 月 1 日为渔民节。所以台湾渔民节是为劳动的渔民所定的一个专门的节日。每年渔民节，台湾各海港都会举行盛大的庆祝仪式。以 2000 年和 2015 年的渔民节为例。2000 年宜兰乌石渔港渔民节庆祝大会于 7 月 22 至 23 日登场，吸引数万人到宜兰游玩，造成宜兰旅馆、民宿一床难求的情况，有人干脆在车上睡觉，以便继续参加隔日的活动。两天的庆祝活动有：“‘渔业署长’杯”海钓比赛、渔业特产品展售、水上救生演练、鱼苗放流、纸雕制作、捞金鱼、Young Found 之旅、牵罟、亲子沙雕、海洋风筝彩绘、渔筏竞赛、杰出渔民表扬大会、童玩舞蹈表演等。2015 年新北深澳渔港渔民节庆祝大会于 7 月 11 日开幕，其内容包括渔业论坛、模范及优秀渔民颁奖晚会、渔村文化陈列展示、渔钓具比赛、优质渔产品展售会、鱼苗放流及渔村彩绘等文体活动，涵盖了渔业文化、美食、娱乐等诸多层面。

（三）以海产品展示与销售为中心的海洋节庆产业开发

中国海岸线漫长，各沿海海区都有各自不同的特色海产品，因此沿海各城市形成了优势海产品和拳头产品。以这些海产品的展示与销售为主题的各种海洋节庆活动,一方面有利于提高产品的知名度,拓展产品的销路,打造产品的品牌;另一方面也弘扬了地方的海鲜美食文化,提高了沿海城市的美誉度,为沿海城市吸引了投资商和旅游者,从而促进地方经济与社会发展。青岛红岛的蛤蜊节、广东顺德的鳗鱼节、中国大黄鱼节等是其中的代表。

1. 嵊泗贻贝文化节

贻贝俗称淡菜,也叫海红(东海夫人),是常见的海鲜。贻贝具有很高的营养价值,并有一定的药用价值,素有“海中鸡蛋”之称。《本草纲目》中说它“淡以味,壳以形,夫人以似名也”。“东海夫人,生东南海中。似珠母,一头小,中衔少毛。味甘美,南人好食之。”嵊泗县海域环境优越,水质肥沃,饵料丰富,温度适中,利于海洋生物栖息,为贻贝提供优良的生长环境,被农业部划为一类贝类生产区。嵊泗所产贻贝具有个大、鲜嫩、肉肥、出肉率高等特点。嵊泗贻贝采集、食用、交易由来已久,具有深厚的人文历史底蕴。早在唐代,嵊泗贻贝干就因为质量上乘而被舟山当地官员作为贡品进贡,被称为“贡干”。嵊泗贻贝文化节始于2004年,在当时“文化搭台,经贸唱戏”的指导思想下宣传推广嵊泗贻贝。经过多年发展,嵊泗贻贝文化节已经发展成为嵊泗最大的节庆活动,并具有了相当丰富的内容,主要有:烹饪大赛、学术研讨会、运动会、文艺表演以及嵊泗海岛深度体验游、贻贝产品促销等系列活动。嵊泗贻贝文化节的举办不仅促进了本地渔业的发展,更带动了旅游业的发展,对当地经济发展以及环境保护都起到了极大的推动作用。

2. 顺德鳗鱼节

“鳗鱼,又名白鳝、河鳗、鳗鲡、日本鳗,是蛋白质极高、营养极丰富的鱼种,被称为水中人参。鳗鱼少刺多肉,肉质细嫩,味道鲜美,不仅含有丰富的蛋白质、脂肪酸和维生素,其矿物质钙、磷、铁、锌、硒等元素含量均高于陆上动物，食用鳗鱼不但能滋补健身、强筋壮骨、增长智力，而且能软化血管、降低血脂，预防心脑血管疾病的发生。日本每年7月都会举行鳗鱼节，这天每户必食鳗鱼，鳗鱼消耗量很大。”①顺德是全国最大的鳗鱼养殖、加工和出口基地，是“中国鳗鱼之乡”。为了提高顺德鳗鱼的知名度，推动鳗鱼的销售，顺德市政府于2009年9月30日举办了首届顺德鳗鱼节。鳗鱼节的重要内容是鳗鱼烹饪比赛，擅长制作鳗鱼的厨师现场制作，请公众现场评出优胜者。

（四）以体育、竞技为主要内容的海洋节庆产业开发

这一类海洋节庆活动的展开与古代海上劳作、海上军事的发展有密切关系，也与经济发达、生活水平提高后，民众对于强健身体、改善生命质量的意识和决心有密切关系。尤其是在西方海上运动项目传入以后，利用海域资源开展体育健身运动越来越受到民众的欢迎，由此形成了各种体育竞技类型的海洋节庆产业。沙滩排球、帆船、帆板、滑水、游泳、泅渡比赛等都是其中的代表。此外，一些以休闲体育为内容的海上节庆活动因为是健身娱乐的有益形式而越来越受到欢迎，如龙舟节、海钓节等。

1. 海河龙舟节

龙舟运动是我国的传统体育项目，是端午节必不可少的活动之一，历来受到民众的喜爱。作为沿海城市的天津也曾举办过多次龙舟赛事，群众基础广泛。改革开放以后，随着海河两岸环境的改善，逐渐成为龙舟活动的理想场所。首届海河龙舟节启动于2010年5月3日的天津市津湾广场亲水平台及周边水域。当时的海河龙舟节主要分为两部分：市民龙舟体验和龙舟展示活动，世界大学生龙舟锦标赛。而市民龙舟体验和龙舟展示活动包括龙舟技术培训、天津市首届全民运动会龙舟比赛。首届海河龙舟节

① 许桂香. 中国海洋风俗文化. 广东经济出版社，2013：190－191.

还发行了海河龙舟节邮票，以及举办“中国龙舟运动文化”国际论坛，南北狮王争霸赛，全民健身运动会风筝比赛等活动。海河龙舟节每年举办一届，每一届都有不同的主题，比如2015年6月20日的海河龙舟节的主题为“喜迎全运会，建设新天津，打造龙舟传统文化，宣传津城海河美景”。这一届的龙舟节取消了龙舟比赛，而以休闲娱乐为主要内容的龙舟巡游展示成为主角。

2. 象山国际海钓节

海钓被称作“海上高尔夫”，是国际上一项知名的高尚运动。而我国东南沿海的象山诸岛则拥有得天独厚的适宜海钓的自然环境。象山地处浙江中东部沿海，岸线曲折，岛礁众多，海域辽阔，象山港、乱礁洋、韭山列岛、大目洋、檀头山、渔山岛、岳井洋等都十分适合海钓，而适合登礁钓的岛礁达500多个，全年海钓时间可长达10个月。象山附近海域常年生长着大量的石斑鱼、鲷科类等海钓鱼类品种。2003年9月，渔山岛成功举办了首届象山国际海钓邀请赛，是后来的象山国际海钓节的试水。此后，象山得天独厚的海钓优势日益突显，韩国、日本等周边国家以及中国的台湾、香港、澳门等地区的海钓爱好者常常专程乘飞机到渔山海钓。

2007年6月10至11日，由象山县人民政府、宁波市旅游局、浙江省钓鱼协会联合主办的“海景杯”首届中国象山国际海钓节举行。当时的海钓节由开幕式、闭幕式，国际海钓邀请赛，“商帮”、文化名人海钓交流赛，市民、游客趣味钓鱼，国内鱼拓精品善举拍卖会、“百名老总看象山”时尚游推介和少数民族作家象山行等活动组成。来自中国、韩国、日本的35支代表队的105名运动员参与了国际海钓邀请赛，其中包括“对象鱼个人”、“对象鱼团体”、“综合鱼个人”三个奖项的角逐。中央电视台旅游《鱼乐圈》栏目、《海钓中国》、韩国电视台、韩国海钓杂志、新华网、人民网、浙江卫视等几十家国内外媒体进行了采访报道。最后，来自澳门的蔡健民凭一条重达2.98公斤的真鲷，夺得大赛的单尾冠军；来自韩国的任润赫以5.51公斤的总成绩获个人第一;团体赛则由韩国一队以12.08公斤的总成绩胜出。[①] 象山海钓节至今已经成功举办六届。

除了象山国际海钓节以外,山东的日照、大连的獐子岛等地区都举办过海钓节。

(五)以民间海洋艺术品的赏鉴、销售为主要内容的海洋节庆产业开发

审美活动无论是在内陆农业地区还是在滨海地区都一直存在,利用海洋资源开展艺术活动是滨海民众从古延续至今的生产生活需要。在传统社会,这些艺术作品未能登上大雅之堂,但随着社会的发展,许多海洋艺术产品已经走向了市场,比如贝雕、贝画、渔民画等都受到了热烈欢迎,也创生了海洋艺术品类型的海洋节庆产业,沙雕节就是其中的代表。

1. 舟山国际沙雕节

舟山沙雕节源自舟山海洋儿童游戏。海边生长的孩子常在夏夜的傍晚在沙滩上用湿沙堆起沙城,沙城内还像模像样地建有戏台、宫殿、桥梁等。儿童们还用手捏着一把湿沙泥,从上而下徐徐淋下,在沙台上堆成一个人的模样,装作是海龙王或者观音菩萨。这些神坐镇在沙城内以遏制潮神的侵犯。待潮水上涨时,儿童们站在沙城内向潮神呐喊、示威,直至沙城被潮水冲毁,游戏便结束了。沙雕用沙和水作为材料进行艺术创作,体现了自然美与艺术美的和谐统一,具有强烈的视觉冲击力和巨大的艺术魅力。

1999年9月,首届中国舟山国际沙雕节在舟山朱家尖南沙成功举办,来自英国、荷兰、丹麦、美国、加拿大、墨西哥、日本、新加坡等8个国家的10支国外代表队和11支国内代表队参加了比赛,

---

① 国际海钓节.象山县政府网,2007-08-23[2015-11-06].http://www.xiangshan.gov.cn/art/2007/8/23/art_160_16678.html.

开创了我国沙雕艺术和沙雕旅游活动的先河，使舟山成为名副其实的“沙雕故乡”。[①] 从1999年至今，舟山已连续成功举办了17届沙雕节。舟山国际沙雕节被国家旅游局列为重点推介旅游活动，成为浙江省名品旅游节庆活动，并被列入全国节庆五十强。舟山沙雕艺术节主要活动包括开幕仪式、开铲仪式、国际组沙雕比赛、国内组沙雕比赛、沙雕作品展示、业余沙雕比赛等。沙雕节还采用比赛与展示相结合的形式，常配套有朱家尖国家生态公园观光、普陀山朝敬观光、沙雕摄影、征文比赛、沙滩足球比赛、海上运动表演、时装泳装模特表演、商品交易等活动。

2. 舟山渔民画艺术节

舟山渔民画起步于20世纪80年代初，经舟山市美术工作者和渔民画家们共同努力逐步走向了成熟，舟山市的定海区、普陀区、岱山县和嵊泗县均被文化部命名为“中国现代民间绘画之乡”。渔民画家们以大海为背景，以自己生产、生活为题材，绘出一幅幅想象丰富、构思奇趣、颜色鲜艳的画卷。

为了宣传舟山渔民画，带动相关产业的发展，舟山政府部门于2003年10月举办了首届舟山渔民画艺术节。艺术节在舟山市朱家尖开幕，舟山渔民画作品浓郁的海洋特色吸引了上海金山、陕西户县、山东日照、浙江秀洲等14个中国现代民间绘画之乡的代表和数千游客驻足观看。艺术节的举办很好地促进了舟山渔民画艺术水平的进步和产业发展。2006年，舟山渔民画被列入第一批市级非物质文化遗产保护名录。2014年4月，舟山市渔民画产业协会成立。协会的目的是通过创作交流，全面提升舟山渔民画的产业竞争力，并打造本土特色文化品牌。2014年5月，在第十届中国（深圳）国际文化产业博览交易会期间，舟山渔民画受到了海内

---

① 包亚芳，孙治，薛群慧. 旅游品牌竞争力——理论·案例. 浙江工商大学出版社，2012：178.

外消费者的青睐,现场交易总额和意向订单额均创历次参展新高。

(六) 综合性的海洋节庆产业开发

前述几种海洋节庆产业都具有一定的综合性,往往融娱乐、贸易、旅游为一体,但综合程度更高的是最后这一类型的海洋节庆,涵盖开闭幕式大型文艺演出、祭海开船仪式、海鲜美食节和经贸洽谈会等。以“海洋节”、“开渔节”、“渔业博览会”等名称命名的海洋节庆往往属于最后这一类。比如青岛海洋节就是国内第一个以海洋知识、海洋科技、海洋产业为主题的大型科技文化节,在国内外已有较高的知名度。象山开渔节也因为成功举办了多届且拥有很大的影响力而升格为中国开渔节。

1. 象山中国开渔节

休渔期结束称为“开渔”,渔民可以下海捕鱼了。“开渔节”举办时间大多为9至10月渔汛开始时。渔船于此时云集港口,形成千帆竞发之壮观景象。当代开渔节旨在继承传统风俗的基础上,发展出新的内涵:引导广大渔民热爱海洋,保护和合理开发海洋资源。开渔节以“开渔”为号召,举行独具特色的海洋文体活动,引来了成千上万的游客观光,促进了当地旅游业的发展,带来可观的经济收入。另一方面,开渔节也逐渐演绎出开发海洋、保护海洋、经贸洽谈、滨海旅游、学术交流等内容丰富的主题。中国沿海多个地区有开渔节,比如象山开渔节、舟山开渔节、阳江开渔节等。其中象山开渔节最为盛大,也称中国开渔节。

象山中国开渔节始于1998年。而这一年正是联合国命名的“国际海洋年”。象山位于浙江省中部沿海,三面环海,自然环境优越,海洋资源丰富,有“东方不老岛、海山仙子国”之美称,是全国闻名的渔文化之乡。经过多年的建设,象山开渔节逐步形成了文体、经贸和旅游三大板块十多项精品活动项目。祭海仪式和开船仪式是其中最具特色的两大文体活动。节日期间,象山渔民还组织发起了中国渔民“蓝色保护志愿者”行动。向全世界发出了

“善待海洋就是善待人类自己”的倡议,引起强烈反响。除了这些保留项目以外,历届开渔节还因时制宜,举办了诸如象山风情全国摄影大赛、全国渔家秀服装设计大赛、中国文联黄金海岸创作笔会等一系列具有全国影响的文化活动。开渔节经过十多年的不断发展取得了令人瞩目的成绩,带动了象山旅游业的发展。根据统计,第十届开渔节期间全县共接待游客 11 万人次,旅游收入达 5 720 万元,县外自驾车游客和自助游散客占 65%。[①] 这一区域性文化节庆已演变成真正具有渔家特色,融文化、经贸、旅游于一体的全球性海洋节日。中国(象山)开渔节已经成长为一个在国内具有较大影响力的富有浓厚海洋文化底蕴的综合性海洋节庆活动,成为展示象山地域形象的文化平台。

(七)以合理开发利用海洋资源为主题的海洋节庆

还有一些以海洋环境保护等主题为公益目的的当代海洋节庆。这些节庆活动无法进行产业开发。

1. 休渔放生节

在近岸海洋渔业资源急剧减少的情况下,国家为了保护海洋渔业资源,定于每年 5 至 8 月实行“封海”休渔,休渔期间禁止任何渔船下海作业。休渔可以提升渔民对海洋资源的保护意识,促进海洋渔业可持续发展。放生是我国一项传统的环境保护、爱护鱼类的活动。2008 年,广东省率先设立了“休渔放生节”,先后在广州、珠海、惠州、河源等地开展了多次增殖放流活动。设立放生节的目的在于倡导珍惜鱼类资源的理念,通过放生行为促进水生生物增殖,改善和修复水域生态环境。目前,很多沿海地区都设立了“放鱼节”、“休渔放生节”,并得到了民众的热烈响应。“休渔放生节”对于保护渔业资源和海洋环境,对于弘扬生态文明和人文

① 包亚芳,孙治,薛群慧. 旅游品牌竞争力——理论·案例. 浙江工商大学出版社,2012:186.

精神，实现社会经济可持续发展都有重要的意义。[1]

2. 中国航海日

中国是世界航海文明的发祥地之一，而明代的郑和是世界航海先驱。有关资料显示：郑和下西洋比哥伦布发现美洲新大陆早87年，比达伽马绕过好望角早92年，比麦哲伦到达菲律宾早116年。伟大的航海家郑和率领当时世界上最庞大的船队七下西洋，历时28年，遍访30多个国家和地区，加强了中国与沿海地区民众的友谊，并促进了我国对外贸易的发展和对外文化交流。

2005年7月11日是郑和下西洋首航日的600周年纪念日，这一天对中国航海事业具有重要的历史纪念意义。经国务院批准，国家决定将每年的7月11日定为中国的“航海日”。郑和航海所蕴涵的民族精神已成为世界文化遗产，设立“航海日”体现了对我国历史悠久的航海文化和民族精神的传承和发扬，对于进一步增强全社会的海洋意识，发展海洋文化产业，具有十分重要的现实意义。[2]

3. 世界海洋日

2009年，联合国将“世界海洋日”的日期确定为每年的6月8日。首个世界海洋日的晚上，美国纽约帝国大厦点亮蓝色景观灯以示纪念。世界海洋日的设立目的在于提高人类的海洋保护意识，珍惜海洋资源，审视全球性污染和鱼类资源过度消耗等问题给海洋环境和海洋生物带来的不利影响。2010年起，为了提升全民的海洋意识和海洋保护理念，中国也正式加入到6月8日世界海洋日纪念活动中，并将原有的日期在7月8日的“全国海洋宣传日”改到这一天，以便在全国范围内加强保护海洋、善待海洋意识的宣传，让更多民众自觉关心和爱护海洋。

---

① 许桂香. 中国海洋风俗文化. 广东经济出版社，2013：195.

② 许桂香. 中国海洋风俗文化. 广东经济出版社，2013：201.

当代海洋节庆文化产业开发集多种经济和文化特性于一体,兼具信息咨询、招商引资、交通运输、宾馆餐饮、休闲旅游、城市建设等多种功能与效应。它的相关性、辐射性和带动性能有力地推动区域形象的塑造和经济的快速发展。但随着海洋文化节庆数量的急剧增加,海洋文化节庆产业开发中也暴露了一些问题,比如:第一,海洋节庆名目繁多,但是知名品牌节庆数量较少;第二,海洋节庆主题雷同,缺乏地域特色,也缺少文化内涵;第三,因为缺乏宣传,中国海洋节庆产业在国外影响力较小。

第三章　中国海洋休闲文化及其产业开发

海洋休闲产业是围绕所有与海洋、海岛、海岸有关的游览、观光、休闲娱乐及体育活动等海洋休闲活动,以及与海洋休闲活动相关的工具、设施等,产生并发展起来的经济产业。海洋休闲产业的范围相当广阔,大体可以分为海洋休闲渔业、海洋休闲体育业以及海洋休闲疗养产业三种类型。这里需要特别指出的是:在海洋休闲产业中,不少学者将海洋休闲旅游产业作为海洋休闲产业的一部分加以论述。但海洋休闲旅游产业其实就是海洋旅游产业。海洋旅游产业属于海洋文化产业下的一级分类,且属于特别的一类(相关论述请见导论部分),与海洋休闲产业同级,而海洋休闲渔业、海洋休闲体育业、海洋休闲疗养业则属于海洋休闲产业下的二级分类。当然不可否认,海洋休闲产业与旅游有密切关系。但从严谨的分类出发,本章不论述海洋旅游产业的内容。

一、海洋休闲渔业及其产业开发

海洋休闲渔业,也称海洋娱乐渔业、海洋观光渔业和海洋旅游渔业。海洋休闲渔业是集渔业、休闲、观赏、娱乐和旅游为一体的产业。它既是第一产业的延伸和发展,又是第一产业和第三产业的有机结合,是生产、生活和生态三位一体的可持续发展的产业。[①] 海洋休闲渔业是一个非常广泛的概念,不仅包括海洋游钓渔业、海洋渔业旅游,其他如海洋观赏渔业、海洋水族馆业也应该

---

① 陈可文. 中国海洋经济学. 海洋出版社,2003:109.

包括其中,总之只要和海洋生物、海洋渔业、滨海渔村、渔民、渔区等相关的休闲活动,都可以通称为休闲渔业活动,由此而产生和形成的行业和产业都可纳入海洋休闲渔业的范畴。

海洋休闲渔业具有以下几个特点。第一,以海洋渔业为依托。海洋休闲渔业是通过开发具有休闲娱乐价值的海洋渔业资源(包括自然资源和人文资源)、渔业产品、设备及空间,以及渔业生态环境及与此相关的各种活动,比如捕鱼、垂钓等发展起来的。第二,具有产业复合与集聚功能。海洋休闲渔业突破了以往海洋渔业空间的限制,将作为第一产业的海洋渔业,与第三产业的旅游观光、休闲娱乐等内容联系起来,进行了扩展,建立起集海洋渔业养殖、海钓、餐饮、旅游度假等为一体的新型经营模式,实现了资源的优化配置,并产生了旅游观光、劳动体验、休闲度假、文化教育等多种功能。第三,鲜明的地域性。海洋休闲渔业以传统海洋渔业为基础和依托,因此也受到传统海洋渔业的地域性制约,一般适合在交通便利的滨海地区开展。第四,具有很强的体验性。海上行舟、撒网垂钓、品尝船宴等海洋休闲活动都大大丰富了消费者的休闲时光,而海洋休闲渔业的魅力就在于其很高的参与度适应了消费者的休闲体验和经历获得的需求。

中国海洋休闲渔业活动具有漫长的发展历史,它从原始社会的渔猎生产中产生,在渔业生产活动中获得了经验,改进了工具,并逐渐脱离了渔业劳动,成为一种有益身心健康的消遣娱乐活动。

(一) 中国海洋休闲渔业发展史

早在原始社会时期,中国的原始渔业就有了初步发展。《韩非子·五蠹》曾记载上古之世"民食果蓏蚌蛤,腥臊恶臭而伤害腹胃,民多疾病。有圣人作,钻燧取火以化腥臊,而民悦之,使王天下,号之曰燧人氏"。也就是说,早在遥远的原始燧人氏时期,祖先们就已经以鱼类为食。根据考古发现,北京周口店山顶洞人已经使用了海蚶壳、草鱼骨制作装饰品。到了新石器时代,先民便会磨制骨质钓钩。在新石器时代的仰韶文化和龙山文化遗址中，发掘出了很多鱼叉和鱼钩。比如陕西省西安半坡村仰韶文化遗址和黑龙江省小兴凯湖岗都出土了骨制鱼钩，距今大约有六千年。此外，黑龙江的宁安遗址，河北唐山市的大城山遗址，内蒙古包头市的阿善遗址等，都出土有骨制鱼钩。这些鱼钩造型多样，甚至有些在钩尖下面还磨出了倒刺，其中多数鱼钩还有拴钓线的槽，可见当时的水产捕捞活动已具有较高水平。①

中国古人海钓的历史很悠久，这一段历史以神话的形式被记录下来。龙伯钓鳌的神话就产生自早期先民进行海钓的实践中。《列子·汤问篇》记录说：在遥远的渤海之东，有一个巨大的无底山谷，大地上所有水流和天上银河的水都汇注到那里。但奇怪的是，山谷里的水不会增多也不会减少。在这个大山谷的水面上有五座仙山，随着水浪一上一下，不停颠簸。仙山上居住的仙人们很苦恼，于是就请求天帝的帮助。天帝也怕仙山漂流到北极去，就命令海神禺疆派十五只巨鳌分三组轮流值班，举头把仙山顶住，于是五座仙山就稳定地漂浮在水面上了。可惜好景不长，龙伯国有一位巨人，他的脚踩到大海里海水也漫不过他的脚背。他没走几步就来到了五座仙山所在的地方。巨人钓鱼时，顶着仙山的巨鳌经不住香饵的引诱，被钓走了六只。龙伯巨人把这六只巨鳌放在背上背了回去。他吃了龟肉，炙烤了龟壳用来占卜吉凶。于是，这六只巨鳌所顶的两座仙山就漂流到北极，然后沉没在大海中，仙人们不得不慌忙逃离了仙山。天帝于是大怒，逐渐缩小了龙伯国的国土，也逐渐降低了龙伯国民的身高。

夏商周三代，中国古代渔业已经初步形成规模，海洋捕捞广泛使用船只，出现了金属制的渔具，海产品成为重要的贡品和商品。《尚书·禹贡》说：近海的青州"厥贡盐絺，海物惟错"，滨海渔区

---

① 盛文林. 实用钓鱼完全入门. 北京工业大学出版社，2013：2.

也因此成为富庶之地,齐国"通渔盐之利,国以殷富"(《左传纪事本末》),《荀子·王制》曰:"东海则有紫紶、鱼、盐焉,然而中国得而衣食之",《吕氏春秋·孝行览·本味》也说:"鱼之美者……东海之鲕"。周代甚至出现了人工养鱼,由单纯利用自然资源到有意识地养殖,是渔业生产中具有重要意义的转折。到了秦汉,养鱼业已经发展到一定规模。《西京杂记》说汉武帝曾开凿昆明湖练水师,后用来养鱼。这些鱼除了供宗庙祭祀之外,就拿到市场上出售,导致鱼价大跌,可见养鱼数量之多。"海租"(即海产赋税)成为当时朝廷的重要财税来源(《汉书·食货志》)。到了宋代,海水养殖逐渐兴起。随着造船和航海技术的发展,海洋捕捞能力和捕捞技术有明显进步。近海渔业得到了迅速发展,宁波成为著名的鱼产品进贡基地。元代《昌国州图志·物产志》记录当时舟山地区出产大小黄鱼、带鱼、墨斗鱼、鲳鱼、马鲛鱼等三十九种海鱼。明清时期受"海禁"政策的影响,中国海洋渔业的发展受到极大限制,但近海渔业还是有所发展。广东沿海的主要渔港在雍正、乾隆时期还有拖网渔船在近海进行拖网生产。

在古代渔业生产发展的过程中,随着经验的积累和工具、技术的改进,也产生了一些以垂钓为主要表现形式的渔业休闲活动。

商代和西周以后,金属钓钩出现了。金属钓钩的问世,表明我国古代钓鱼工具已经由手工磨制阶段进入用金属冶炼的新时代,也代表垂钓活动已跨入文明时代。铜制钓钩比骨制钓钩容易制作,且结实锐利,大大提高了钓鱼效率。河南安阳殷商遗址就曾出土过铜钓钩,辽宁抚顺市莲花堡遗址也曾出土过战国时期铁钓钩。东汉的许慎在《说文解字》中解释"钓"为"钩鱼也,从金,勺声"。段玉裁注云:"钩者,曲金也,以曲金取鱼谓之钓。"就是说,把金属弯曲成钩用来钓鱼。这里的"金"不是单指铁,而是指包括铜铁在内的金属以及合金。陈朝张正见的《钓竿篇》中的以"黄金"为钩,东晋王嘉的《拾遗记》中的以"香金"为钩,都指的是融合了铜在内的合金,因此呈现出黄色。还有用呈现出银色的合金做鱼钩的,梁代刘孝绰《钓竿篇》中有“银钩翡翠竿”,但考虑到金属银相当软,不适合做鱼钩,因此也应该是合金。有些古代鱼钩上还有倒刺。所谓的“钩箴芒距”(西汉《淮南子》)就是钓钩上有细小的倒刺。“金钩厉钜”(晋《钓赋》)也是指有倒刺的钓钩。

古代钓鱼用的线称为“纶”,《诗经·小雅·采绿》就曰:“之子于钓,言纶之绳。”也有诗云:“流磻平皋,垂纶长川”(魏晋·嵇康《赠秀才入军》),又云“蓬头稚子学垂纶”(唐·胡令能《小儿垂钓》)。钓线又称“缗”。《诗经·召南·何彼襛矣》有云:“其钓维何?维丝伊缗。”《初学记》也有云:“鱼求于饵,乃牵其缗。”古人所用的钓线材质多种多样,有用人发的,也有用马尾、马鬃的。这一类材料细而韧长,沾水也不容易变形,适合用做钓线,往往数根绞成短线再相接即可成为长而匀的好钓线。《庄子·外物》就记录了一个使用此类钓线的海钓高手——任公子。

任公子做了一枚很大的钓钩,用很粗很长的黑绳做钓线,用五十头牛做钓饵。他坐在浙江会稽山上,把钓竿投到东海,每天垂钓,钓了一年还没有钓到鱼。后来一条大鱼来吞食了钓饵。大鱼牵着钓绳上蹿下跳,有时急速往海底钻,有时又扬尾奋鳍掀起高如大山的白浪。海水剧烈震荡的声音犹如鬼神之吼,震动了千里之外。但是大鱼最后还是被任公子拖上岸来了。任公子把鱼剖开晾成鱼干,自浙江钱塘江以东,到湖南九嶷山以北广大土地上的人们,没有不饱食此鱼的。

古人还用蚕丝做钓线。晋代王嘉的《拾遗记》中就提到以“缟丝为纶”,即用蚕丝线做纶。这种蚕丝并非蚕吐出来的丝,而是取自正在吐丝的蚕体内的丝囊。古人将蚕体内的丝浆收集后,人工拉成单股粗丝,天然干燥后使用,被称作“蚕筋线”。这种丝线柔软光滑而强度大,是十分理想的钓线,但取用具有季节性,因而没能普及推广。《列子·汤问》中的钓鱼高手詹何所用的钓线就是蚕丝所做。詹何钓鱼用的钓线是蚕丝,用的钓钩是尖细如芒的针,用的钓竿是细小的竹竿,做钓饵的是半颗饭粒。这种渔具的配置基本是比较写实的。他在有百仞深,水流特别湍急的深渊中钓到了一条可装一辆车的大鱼。尽管鱼这么大,钓丝也没有被拉断,钓钩也没有被扯直,钓竿也没有被拉弯,可见他的钓鱼本领真是十分高明。楚王听到这件事感到很惊奇,就将詹何招进宫里询问原因。

钓竿产生自延长手臂,把钓钩抛远的需要,这样更有利于引鱼上钩和提鱼上岸,树枝、芦苇、竹、荆条等这些在早期都充当过钓竿。而细长的竹子是最广泛使用的钓竿材料。《诗经·国风·卫风》中有一首《竹竿》曰:“籊籊竹竿,以钓于淇。”随着钓鱼发展为一项颇受欢迎的健身娱乐项目,钓竿的式样逐渐由简为繁。东汉班固的《西都赋》中有“揄文竿,出比目”之说。《文选》注:“文竿,竿以翠羽为文饰也”,也就是用翠鸟羽毛装饰的漂亮鱼竿。梁朝刘孝绰的《钓鱼篇》诗中也有“银钩翡翠竿”句。所谓的“翡翠竿”,也是用翠鸟羽毛装饰的鱼竿。

古代的钓饵也五花八门,有直接用饭粒的(如詹何),也有用香味浓郁的肉桂的,《太平御览》卷八三四引《阙子》说一位喜欢钓鱼的鲁国人曾“以桂为饵”,这里的“桂”就是肉桂。古人通过不断地观察,了解到鱼类的嗅觉器官相当发达,所以在钓鱼时,喜欢用香味浓郁的鱼饵。古诗文中常出现的“芳饵”一词,便是其表现。《吕氏春秋》早已说:“善钓者,出鱼乎十仞之下,饵香也。”《史记》也记录了姜太公钓鱼时,有人教他“芳其饵”之事。

也有人用小鱼、小猪等为饵。《初学记》引《孔丛子》记录了孔子之孙子思所见的一件事。子思有一次见到一位卫国人在黄河里钓到一条与詹何钓的那条鱼差不多大的鳏鱼。子思懂得钓鱼,就问他说鳏鱼一般不容易钓到,你是怎么钓的?卫人回答说:“我下钩时,挂上一条鲂鱼做钓饵。鳏鱼没有看到,我就换了半头小猪做钓饵。这样，鲷鱼就上钩了。"《拾遗记》中还记录了以丹鲤为饵之传说。据说汉昭帝元凤二年，昭帝造起了一座非常华丽的桂台，在深秋季节终日在桂台下泛舟钓鱼。他用的是合金鱼钩和蚕丝鱼线，鱼饵则用丹鲤。有一次，昭帝钓到了一条长三丈的无鳞白蛟。汉昭帝令掌管膳食之人把它腌起来。蛟被腌渍后，肉变为紫色，骨变为青色，而且相当美味。

在古代，钓鱼是一项受欢迎程度颇高的活动。传说中的上古帝王虞舜就是善钓者。据说有一次今山东东阿、菏泽、梁山、寿张一带的渔民争着开垦雷泽边上的土地，引发了氏族大械斗，舜亲自去调解。他沿着雷泽走，饿了就钓鱼充饥，不久就平息了争地纠纷。舜钓鱼是属于原始渔猎生产的一部分，主要目的是为了获得食物，这与后世的娱乐性垂钓是不相同的。

很多古人都将钓鱼看作一项有益于身心健康的娱乐活动。很多古代名人都喜好钓鱼，虽然他们钓鱼出于不同目的，但垂钓中所体现出来的高雅情趣却是一致的。商周以后，帝王的垂钓脱离了生产性质，而成为一种消遣娱乐。《穆天子传》记载，周穆王姬满在东征途中，常在水边垂钓。传说姜太公为了制造偶遇周文王的机会，曾特意在渭水边钓鱼。正是："昔有白头人，亦钓此渭阳。钓人不钓鱼，七十得文王。"（白居易《渭上偶钓》）据说孔子对钓鱼也很感兴趣，并提出"钓而不网"的可持续发展思想。传说春秋末期"商圣"范蠡也是钓鱼高手。据梁朝任昉《述异记》记录，范蠡在辅助勾践灭吴之后，急流勇退，带着西施来到钓洲边钓鱼。他钓到大鱼就烧熟了吃掉，钓到小鱼便养起来，很快致富。后来，他将自己养鱼的经验总结出来，写出了《养鱼经》一卷。据说这是我国最早的养鱼著作。

唐宋时代，钓鱼更成为一项社会认可度非常高的消遣方式。宋代皇帝常在春天举行赏花钓鱼赋诗会。"霭霭祥云辇路晴，传呼万岁杂春声。蔽亏玉仗宫花密，映烛金沟御水清。珠蕊受风天下暖，锦鳞吹浪日边明。从容乐饮真荣遇，愿赋嘉鱼颂太平”（王安石《和御制赏花钓鱼会》其二）记录的便是那时的盛况。司马光《涑水纪闻》记载：这个诗会是朝臣与皇帝一起参加的，但皇帝未钓到鱼之前，臣子即使钓到鱼也不能提竿。皇帝钓到鱼后，左右太监用红色丝网网住，大臣一齐庆贺。而大臣钓到鱼，只能用白色丝网网住。曾有官员不懂惯例，用红丝网来网鱼，被同僚斥之以“僭礼”。

古人在垂钓活动中领略自然风光，培养高尚的情趣，有益身心健康，正如唐代岑参的《渔父》诗中所说：“扁舟沧浪叟，心与沧浪清。”渔父的心境像水一样恬静，他钓的是心境而不是鱼。当然，这种将垂钓作为休闲活动的人毕竟是少数，普通民众即使垂钓也是为了解决温饱问题，并没有消遣娱乐的闲情逸致。

但到了当代社会，随着生活水平的提高，渔业生产手段的不断改进，休闲渔业逐渐从渔业生产活动中分离出来，成为一种充满趣味和智慧，格调高雅，有益身心的文体活动。当代休闲渔业起源于20世纪60年代的加勒比海地区，后来才逐渐扩展到欧美和亚太地区。休闲渔业是一种将旅游观光与现代渔业有机结合的产业发展模式，既拓展了渔业空间，又开辟了渔业新领域，为传统渔业注入了生机与活力，因而受到许多国家的重视。比如在美国，休闲渔业在国民经济中占有重要地位，产值约为常规渔业的三倍。同时还带动了渔具、车船、修理、交通、食宿等相关产业的发展，促进了社会就业。[①] 中国有漫长的海岸线。20世纪80年代，中国开始兴起滨海旅游，出现了海洋休闲渔业，相比发达国家起步较晚，但近年来发展较快。在滨海地区，垂钓娱乐等活动发展很快，而且已成为当地居民和外来游客休闲的重要内容。海洋休闲渔业作为一种新兴的文化产业正在悄然兴起，成为海洋文化产业新的经济增

① 凌申. 美国休闲渔业发展经验对长三角的启示. 中国水产，2012(6).

长点。

（二）中国当代海洋休闲渔业与传统渔业的关系

海洋休闲渔业是传统渔业的延伸，它脱胎于传统渔业，是从传统渔业的基础上发展、演化而来的，因而与传统渔业有很多共同点。另一方面，海洋休闲渔业是从休闲文化的角度开发传统渔业资源，使传统渔业资源为休闲文化服务，因此海洋休闲渔业和传统渔业又存在显著的区别。

首先来看海洋休闲渔业与传统渔业的联系。第一，两者依托的资源基础相同。无论是传统海洋渔业还是海洋休闲渔业，都离不开海洋渔业资源及渔业设施。第二，两者在获得经济收益，增加经济收入方面的最终发展目标一致。第三，两者经营的主体基本相同，都离不开渔民的参与。且不论传统海洋渔业生产中渔民作为主角的重要作用，即使是在现代海洋休闲渔业活动中，如渔业生产活动体验、渔家生活体验等，都需要渔民给予工具、技术指导，提供空间和吃住等服务。第四，两者都有一定的季节性。传统海洋渔业生产具有明显的季节性。为了使海洋渔业资源得到休养生息，古代就有一年一休的夏季渔禁政策。当代中国为保证渔区生态多样性和渔业的高质量发展，也实施了海洋伏季休渔制度。而海洋休闲渔业不仅要受到渔业生产的季节性如休渔期和气候、天气条件的影响，还要考虑到非节假日的影响。第五，两者都具有一定的地域性。传统海洋渔业的生产必须以海洋资源为依托，这是滨海地区发展海洋渔业生产的根本条件，其他内陆地区因此并不具备发展海洋渔业的基础。而海洋休闲渔业作为一种“都市渔业”，其消费者多是附近城市或地区的居民，因此理想的海洋休闲渔业发展地区是那些靠近人口密集、经济发展程度较高的大中城市的滨海地区。

海洋休闲渔业和传统海洋渔业在产业内涵、发展历史、消费主体、社会功能、活动主体、市场依托和发展前景等方面具有很大区别。第一,两者产业属性不同。海洋渔业包括海水养殖、海水捕捞以及相应的海产品初级加工制造活动,此外还包括海洋水产品的深度加工制造、销售等以及与海洋渔业有关的各项事业和服务业。其中的海水养殖、海水捕捞以及海产品的初步加工制造属于大农业(农、林、牧、副、渔)范畴,也就属于第一产业。而海产品的深度加工业与农产品加工业、畜产品加工业从产业特性上属于第二产业的范畴。而海洋休闲渔业把传统渔业同现代休闲产业有机地结合起来,以赶海娱乐、品鲜购物、渔家风情体验等为主要内容,涉及面更广,因此属于第一和第三产业的交叉产业,但主体上应该属于第三产业的范畴。第二,两者产业发展的进程不同。前文已述,传统海洋渔业有着非常悠久的历史。从原始社会开始,为了饱腹而进行的所有渔业采集和捕捞活动都属此列。但是在渔业生产的过程中,一部分生产活动演变为休闲娱乐活动,便形成了海洋休闲渔业产业的前身。当代海洋休闲渔业产业于 20 世纪 60 年代在加勒比海地区出现,后来逐步扩展到欧美和亚太地区。而我国大陆的海洋休闲渔业直到20 世纪 80 年代初才开始在广东、福建、浙江等沿海地区起步。第三,两者承担的功能不同。传统海洋渔业作为第一产业的组成部分,其主要功能是提供优质食物与原材料,满足民众的消费需要和社会的生产需求。所以传统海洋渔业主要承担的是经济功能。而海洋休闲渔业主要是依托海洋渔业平台,满足民众的休闲需求,同时增加渔民收入,保护渔业资源。因此海洋休闲渔业更注重其社会功能和生态功能。第四,两者产品的特点不同。传统海洋渔业作为一种物质生产部门提供的是物质产品,其生产和销售、消费是完全可以分离的。而海洋休闲渔业的产品提供的更多是服务性质的产品,是无形的产品,其生产与消费的时空应相一致。第五,两者发展前景不同。由于海洋环境的恶化、过度捕捞和盲目围海造田等因素的影响,我国的传统海洋渔业与世界上大多数国家的海洋渔业一样,都面临着资源衰退,渔场萎缩等问题，传统海洋渔业的发展受到了越来越多的限制。而海洋休闲渔业具有投资少、见效快的特点，而且具有较高的经济效益、社会效益和生态环境效益，还能带动其他相关产业发展，缓解渔业生产和渔村经济矛盾。因此，海洋休闲渔业是传统渔业走出困境的一条重要出路，上升空间很大，消费市场很广，发展前景更好。

（三）中国海洋休闲渔业的主要开发模式和重点

传统海洋渔业作为一种物质生产部门形式比较单一，主要表现在海产品的捕捞、养殖和加工方面。而海洋休闲渔业与传统渔业相比在产品类型和表现形式上更具丰富性。当代我国海洋休闲渔业开发主要体现在以下几个方面：

1. 滨海渔家乐

目前不少滨海渔村都开始利用渔村风光、渔民风俗和渔业生产等特色资源开发起了渔家乐产业，主要内容包括两方面：渔村生活体验和渔业生产体验。渔村生活体验侧重让消费者体验渔民的民俗风情，比如品尝海鲜、住宿渔家、参与渔民信仰和娱乐活动，而渔业生产体验则侧重让消费者体验渔民的生产劳动，垂钓、赶海、出海捕鱼等。滨海渔家乐活动使游客获得了滨海生产生活体验，渔民们也获得了可观的经济收入。

滨海渔家乐产业开发过程中必须注意以下几个方面的内容：第一，作为产业开发的基础是对本地渔村文化的梳理，比如特色渔俗、渔村历史、相关传说故事、历史遗迹等，这些都是对渔家乐产业进行深度开发的基础，将这些内容灌注到渔家乐开发中可使渔家乐活动具有深刻的历史和文化内涵，增强其文化魅力。第二，渔家乐开发要尽量保留渔民生产生活的原貌，并以此为基础，扩大游客体验项目的范围，增强游客与渔民之间的交流与互动。比如让游客参与渔民的织网、补网、打鱼结、做虾酱等日常活动。又比如可以让游客体验渔民画以及各种海产工艺品的创作和制作。第三，突出地域特色，强调地域文化。渔家乐产业开发过程中容易出现雷同化倾向,其原因是没有从地域文化的角度突出自己的特色,没有形成自己的风格,没有集中力量打造优势项目。此外,治理渔村环境,整顿经营规范,食品卫生安全保障监督等方面也应该要注意。

2. *海岛旅游*

我国拥有丰富的海岛资源,开发潜力巨大。一部分海岛(如浙江的嵊泗列岛、桃花岛,广东的伶仃岛以及山东的长岛等)已经成为著名的海岛旅游胜地。此外,我国还有很多有特色无居民的海岛有待开发,这应该是现在和未来我国海岛旅游业的开发重点。所谓的"无居民海岛",并非是指海岛上没有人存在,而是指在该海岛上没有公民户籍注册地。根据2011年的调研,中国共有海岛10 100多个,其中大约9 600个为无居民海岛。为使无居民海岛得到科学合理的开发利用,并将可能造成的不利影响降到最低,目前国家对开发无居民海岛建立了一系列的规章制度。早在2003年7月我国第一部关于无居民海岛管理的国家法规《中华人民共和国无居民海岛保护与利用管理规定》就已经出台,《海岛保护法》也于2010年3月1日开始实施,财政部和国家海洋局还联合发布了《无居民海岛使用金征收管理办法》等一系列海岛保护和管理配套制度。2010年10月,沿海各省启动了第一批无居民海岛名录的制定工作,2011年4月,国家海洋局公布了第一批开发利用无居民海岛名录,此名录包括176个海岛,其中辽宁11个、山东5个、江苏2个、浙江31个、福建50个、广东60个、广西11个、海南6个。①

对于这些无居民海岛,单位和个人都可以有偿申请使用权。其可开发行业包括旅游娱乐、交通运输、工业、仓储、渔业、农林牧业、可再生能源、城乡建设、公共服务等多个领域。《中华人民共

① 我国第一批开发利用无居民海岛名录公布.海洋世界,2011(4).

和国无居民海岛保护与利用管理规定》颁布以后，无居民海岛的开发热已经在我国一些沿海地区悄然兴起。无居民海岛的开发必须尊重海岛的自然生态环境。因为海岛环境容量有限，所以应该限制其容量，以满足高端消费市场为目标，可以进行诸如海岛生态旅游区、健身疗养基地、探险基地、海岛狩猎区、海钓基地、影视拍摄基地等形式的开发。比如中国首个公开拍卖的无居民海岛——宁波象山大羊屿的定位就是以游艇业为主，兼具特色休闲和度假项目的高端旅游海岛。此外还要注意，海岛的开发应该与海岛所在城市的海洋文化产业发展相协调，并打造与其他海岛不同的特色，减少开发中的盲目性、随意性。

3. 休闲渔业主题公园

休闲渔业主题公园指集休闲、旅游、度假、人居为一体的大型主题公园。这一类公园将主要的渔业休闲活动和功能集中在较小的地域范围内，让消费者在有限的时间和空间内，能较为全面地感受到渔业的魅力和乐趣。象山的“中国渔村”就是一个典型的休闲渔业主题公园。象山“中国渔村”坐落在中国四大渔港之一的石浦港畔，是集渔业文化、渔村生活风情于一体的旅游体验项目，由中国渔村主题公园、渔文化民俗街、宋皇城沙滩、旅居结合的欧美风情小镇、石浦渔港、石浦古街、海上乐园、檀头山、渔山岛、渔人码头等组成。“中国渔村”以石浦渔文化资源为基础，吸收了世界各著名海滨旅游区的成功经验，并采用了先进的环保意识和规划理念，成为国内最具特色的海洋文化休闲城，被评为“浙江省十大避暑休闲胜地”、“浙江省五十大优秀景区”、“宁波市十佳诚信旅游景区”等。

4. 海洋水族馆

海洋水族馆以有生命的海洋生物展示为主，具有教育、展示、储藏等功能。海洋水族馆业包括三种不同的业态：只展览海生生物的传统水族馆；同时展示海洋生物与两栖爬行动物的水族馆；大型综合性水族馆,如海洋公园、海底世界、海洋馆等。世界上最早的水族馆诞生于1789年的法国。英国于1853年也在伦敦动物园内建造了水族馆。此后,德国、意大利、美国等国家相继建立了水族馆。专门的海洋水族馆也于19世纪末期在欧美国家建立。

我国第一座水族馆是建立于1932年的青岛海洋水族馆,当时已经是属于亚洲一流水平的水族馆。但此后的40多年,我国水族馆的发展几乎处于停滞状态。直到1978年,广西北海市才建起了新中国成立以来第一座水族馆——北海市水产馆。我国的海洋水族馆在20世纪80年代以后有了发展,但其主要功能是教育和研究,大多以非营利的公益形式开展,此外因为技术水平的限制,展示的海洋动植物品种有限,展示条件较为简陋。到20世纪80年代以后,随着民间资本进入到海洋水族馆业,以及新技术的应用和新的经营理念和方法的采用,中国海洋水族馆业有了较大发展。1992年到2005年是我国水族馆大发展时期。1995年开馆的大连圣亚海洋世界使中国水族馆迈入超长度亚克力玻璃隧道的大型海洋水族馆时代。此后北京富国海底世界、北京太平洋海底世界、广州海洋馆、厦门海底世界、上海海洋馆、北京海洋馆、哈尔滨极地馆等水族馆相继建成并向游人开放。到目前为止,我国的水族馆在数量和规模上均已达到世界先进水平。

海洋水族馆在海洋生物收集、研究、饲养、保藏和展览中具有重要作用,它重塑和再现了海洋及其生态环境的发展变化,使海洋成为科普教育和海洋生态保护中心。海洋水族馆业的兴起也带来了可观的经济效益和社会效益。

5. 海洋渔业博物馆

海洋渔业博物馆是对传统海洋渔业活动的延伸,也是海洋休闲渔业的重要内容之一。我国最为著名的海洋渔业博物馆是岱山中国海洋渔业博物馆。该博物馆创建于1998年,是以海洋渔业生产为主的首家专题性博物馆。博物馆一期展出了大量的渔业生产工具和生活用具，如各种船具船模、网具、生活用具、渔民服饰、助渔导航设备、渔民画等，展示了舟山海洋文化演变的过程和舟山近现代渔业发展史。博物馆第二期分为海洋资源、海洋捕捞、贝壳博览展、旧的生产关系和渔民生活习俗四大展厅，共有展品 1 600 多件。中国海洋渔业博物馆已经成为岱山本地青少年和外地游客了解海洋生物、了解渔业发展的一大窗口，对岱山开展游览观光、科普教育都有极大的推动作用。

6. 海洋观赏渔业

海洋观赏渔业是指以家庭及个人和公共园林水池中的观赏鱼类的养殖、培育、销售等为主的行业，是一项投资小、占地少、收益大、生产周期短的新兴行业，主要包括观赏鱼类和植物的引进、培育、养殖、经营、饲料加工、饲养设施与辅助设备制造等。海洋观赏渔业的开发方式主要是以高新技术模拟海洋环境，让海水生物按照原有方式在人工制造的空间中生存，并配合声、电、光效果，让消费者通过观赏来感受海洋生命的魅力，领会自然与人类的和谐共存。

海洋观赏渔业的主要对象是海洋鱼类。随着我国民众生活水平的提高，国内养殖观赏鱼的人多了起来，而且也已经突破了金鱼、热带鱼等传统的家居鱼类养殖方式，规模日益扩展。海洋观赏渔业已经成为我国休闲渔业的重要组成部分。在东南沿海的广东、福建、江苏和上海已经形成了海洋观赏渔业中心。目前，全世界观赏鱼品种约有 1 600 多种，其中 800 多种为海水观赏鱼类。但我国的海水观赏鱼类仅占其中的 10%—20%，因此海洋观赏渔业发展潜力巨大。

（四）海洋休闲渔业的价值

海洋休闲产业在海洋文化产业中具有重要价值。从一般经济价值角度来看，海洋休闲产业首先可以提升海洋渔业产业效益。海洋休闲渔业具有投入少、见效快的特点，所创造的经济效益往往是单纯捕捞与养殖的海洋渔业的数倍。因此，海洋休闲渔业是海洋渔业经济拓展新财源的重要渠道。其次,海洋休闲产业也可以为渔民转产转业提供有效的出路。传统海洋渔业捕捞能力过剩在世界范围来看都是一个普遍现象,大量渔民因此会脱离传统海洋渔业,转而到外地从事其他产业。而海洋休闲渔业能实现众多的渔民就地转产转业,减轻了转产转业的难度,加快了转产转业的速度,并可充分利用现有资源。除了以上两种价值之外,发展海洋休闲渔业还在渔村渔区的环境治理,海洋渔业资源的保护,以及推进海洋科普教育方面具有重要价值。

1. 发展海洋休闲渔业有利于渔区渔村的环境整治和渔民素质的提高

海洋休闲渔业对滨海渔区渔民收入的提高具有重要作用,因此海洋休闲渔业市场急剧扩张,各渔区的竞争压力也越来越大。为了吸引更多游客,渔区渔村都有意识改善自然环境,美化渔场,打造更便捷的交通。在这个过程中,以往脏、乱、差的渔区渔村环境大为改观。同时,为了创新项目,提升竞争力,越来越多的渔民,尤其是青年渔民已经认识到增强文化知识学习和技术学习的必要性,努力提高自身素质,客观上加快了海洋渔业现代化的进程。

2. 发展海洋休闲渔业有利于促进海洋渔业资源的保护

全球的海洋渔业资源的衰竭已经成为趋势,为了扭转这一局面,必须减少捕捞量,加强渔业资源的保护。因此加快海洋渔业产业结构的调整,发展海洋休闲渔业无疑是一条重要的出路。这样既能保持甚至增加渔民收入,又能有效控制近海捕捞量,缓解捕捞压力,有利于渔业资源的合理开发、利用和保护。在发展海洋休闲渔业的同时,近海整体环境势必要进行治理,近海海洋生物资源也可以借此恢复生机和活力。同时为了迎合海洋休闲渔业的发展,一些广受欢迎的海水养殖产品将得到大力发展,经营者主动调整养殖结构,客观上促进了渔业资源的优化。

3. 发展海洋休闲渔业有利于推进海洋科普教育，传播海洋知识

21 世纪是海洋的世纪，发达国家早已依靠发达的海洋科技抢占了很多海洋资源，在海洋产业发展战略中取得了领先地位。而我国有重视内陆轻视海洋的传统，民众对海洋文化、海洋资源和海洋科技知识的了解非常粗浅。而发展海洋休闲渔业一方面有利于发掘、抢救海洋文化资源，弘扬海洋文化精神；另一方面，海洋休闲渔业也可以作为科学普及教育的渠道，对于宣传海洋知识，唤起民众对海洋的热爱，提高保护海洋资源的意识，增强民众与自然和谐相处的理念等都具有重要的现实意义。

二、海洋休闲体育及其产业开发

海洋休闲体育产业是指面向海洋，充分利用和开发海洋资源，以体育运动的方式，为人们提供休闲、娱乐的产品及其服务的产业，它集健身运动、休闲娱乐、观光旅游于一体。海洋体育活动的内容很丰富，包括游泳、潜水、帆船、帆板、摩托艇、游艇、龙舟、冲浪、沙滩排球、沙滩足球、沙滩赛车、沙滩骑马、悬崖跳水、海上拖拽伞、空中滑翔机、滑翔伞等。根据海洋休闲体育活动开展场地的差异，它包括沙地海洋体育、泥地海洋体育、海上海洋体育、海空海洋体育、岸上海洋体育、船上海洋体育等多种不同的形态。

海洋休闲体育业在国外已经获得了很好的发展，一部分活动甚至已经被纳入国际比赛项目，如沙滩排球、沙滩足球、摩托艇、帆船、帆板、冲浪等。不少国家都拥有数量庞大的海洋休闲体育俱乐部，如法国有 2 200 多个潜水俱乐部。[①] 在我国，海洋休闲体育活动也受到越来越多人的喜爱，每年都有不少潜水俱乐部、冲浪俱乐部、帆船帆板俱乐部等海洋休闲体育俱乐部进行注册。不少海洋

① 张开城，马志荣. 海洋社会学与海洋社会建设研究. 海洋出版社，2009：350.

休闲体育活动，如沙滩排球、沙滩足球、日光浴、潜水、帆船、帆板等已经成为受城市青年人喜爱的时尚活动。

（一）中国海洋休闲体育资源

1. 中国古代的潜水

在科学不发达的古代，辽阔深广的海洋给民众留下了神秘莫测的印象，珍贵的海产激发了民众对于海底宝藏的幻想，在民间流传着大量关于海底龙宫和海底珍宝的传说。比如《西游记》中的孙悟空就在东海龙宫中寻得了镇海神珍——如意金箍棒。海底寻宝的传说反映了中国古代先民对到海洋深处探索的渴望。传说中孙悟空在海底龙宫穿梭自如，除妖斗魔是靠"避水诀"。"避水诀"是能使水波分开，不浸口鼻的一套道家法术。如《西游记》第四十三回写道：唐僧在黑水河被鼍龙抓获，这鼍龙原来是西海龙王敖闰的外甥。因敖闰寿诞将近，鼍龙特设菲筵，并遣黑鱼精送去请书，请敖闰共享唐僧肉。鼍龙与敖闰的亲戚关系被孙悟空得知。他即驾云径至西洋大海，按筋斗，捻了避水诀，分开波浪，要去寻敖闰救师傅。

当然"避水诀"这种法术只存在于传说中。原始社会的滨海先民也曾出于果腹的需要，常常要赤身、屏气、不采用任何装具潜入水中捉鱼贝虾蟹，然后回到海面换气休息，这应该就是我国最早的潜水活动了。《庄子·达生篇》中有"没人"的记载，郭璞注云："没人，谓能骛没于水底。"《晏子春秋》里记载了一个叫做古冶子的齐国勇士，擅长潜水。"潜行，逆流百步，顺流九里，得鼋而杀之。"战国时期的出土文物"燕乐渔猎攻战图壶"上就刻着潜水捕鱼的图案。可见春秋战国时期，人们已经掌握了较高的潜水本领。

《三国志·魏书·倭人传》中也有渔夫潜水捕鱼的场面描写。这种潜水方法叫做裸潜。现在，我国南方沿海渔民仍在使用裸潜的方法。他们当中有一种专门潜水采珍珠的职业——"鲛人"。"鲛人"之称的来历大概有两种，其一是古人把鲨鱼称作"鲛"，而潜水采珠人可以像鲨鱼一样遨游海底,所以被称为“鲛人”。其二是《搜神记》等古代文献中记录的“鲛人”是传说中鱼尾人身的美人鱼,说其眼睛在哭泣时会流出珍贵的珍珠。(《搜神记》卷十二)而潜水采珠人的职业是获取珍珠,因此被称为“鲛人”。“鲛人”在童年就开始学习裸体潜水的技能。一些“鲛人”为了加快下潜速度,到达更深的海底,下潜时要背石块或铅块。

由于不能在水下呼吸,因而裸潜的时间是有限的。后来民众发明了呼吸管潜水法。明代的科技著作《天工开物》对南海采珠场的采珠作业进行了描述,那里的疍民(船民)潜水者在腰部缠绕一根由绞车上放出来的长绳,并通过一根锡制的曲线形空管呼吸,而这根呼吸管是连接在皮制的面罩上。当感觉呼吸管中的空气不够用时,潜水者就拉动长绳,让伙伴将自己拉出水面换气。

从潜水采珠等作业中还发展出水下打捞。《史记·秦始皇本纪》有关于潜水的记载:“始皇还,过彭城,斋戒祷祠,欲出周鼎泗水。使千人没水求之,弗得。”文字叙述了秦始皇统一中国,出巡至彭城,耳闻泗水沉有一只古鼎,便发动了千人潜水去搜寻此鼎,结果虽未寻获古鼎,却是我国最早的潜水打捞的记录。秦始皇泗水捞鼎的传说在徐州汉画像石上也有反映,该画像石收藏于徐州汉画像石馆中。

2. 中国古代的龙舟竞渡

龙舟,就是制成龙形或刻有龙纹的船只。古人认为龙是掌管天下众水之神,既能保佑风调雨顺,也能护佑行船平安,因此每年定期祭拜龙神。常见的祭拜形式是民众划着装扮为龙样的舟楫向水中丢撒祭品。这种祭祀形式后来形成龙舟竞渡之戏。

近代学者闻一多《端午考》称: 端午的起源与龙有着密切关系。端午节最初是古代吴越民族举行图腾祭的节日。所以,龙舟竞渡应该是史前图腾社会遗俗。“龙舟”最早见于《穆天子传》:“天子乘鸟舟龙浮于大沼。”晋人郭璞注:“沼池龙下有舟字,舟皆以龙鸟为形制,今吴之青雀舫,此其遗制也。"《楚辞·东君》中也出现了"龙舟":"驾龙舟兮乘雷,载云旗兮委蛇。"也就是说,屈原时代已经有了龙舟竞渡的活动。

竞渡所使用的龙舟,为利赛事,一般都做得窄小狭长,但其具体形制因时代或因地域而有所不同。比如云南晋宁石寨山曾出土西汉残铜鼓,鼓面上有舟船竞渡图纹。图上船体狭长,窄而平浅,首尾微翘,划手全部拿桡,无帆,无蒿,无篷,桨手们的头上都有雉尾装饰。画面描绘了划手们作奋力划桨的姿态,因为船体飞速前进,他们头顶的雉尾都向后飞扬。又比如"旧时西湖上的龙舟,约四五丈长,头尾高翘,彩画成龙形;中舱上下两层,船首有龙头太子和秋千架,均以小孩装扮,太子立而不动,秋千上下推移;旁列弓、弩、剑、戟等'十八般武艺'和各式旗帜。尾有蜈蚣旗,中舱下层敲打锣鼓,旁坐水手划船"。[①]

虽说竞渡,但娱乐的成分相对更多。正如《淮南子·本经训》所言"龙舟鹢首,浮吹以娱",也就是划着龙船、摇船在水上奏乐、游玩。《梦粱录》中记载南宋杭州"龙舟六只,戏于湖中"。龙舟竞渡在我国古代是一项广受各阶层民众欢迎的体育娱乐项目。根据文献记载,唐、宋、元、明、清各代皇帝均有亲临观看龙舟竞渡之事。比如《旧唐书》记录了唐代穆宗、敬宗"观竞渡"之事,《东京梦华录》卷七记录了北宋皇帝于临水殿看舟竞渡的习俗。宋代张择端的《金明池夺标图》描绘的也是此种习俗。明代皇帝喜欢在中南海紫光阁观龙舟比赛,清代的乾隆、嘉庆则在圆明园的福海举行竞渡。清代以后,龙舟竞渡逐渐形成了一定的规则,"首尾具龙形,长三五丈,狭长如苇,舵窄仅容二人对坐,底尖。轻巧便捷,滑行如飞。各船有十余人分两排同向坐,各执短桨,如百足虫。船尾一人

---

① 翟继勇.体育文明的现状与发展探索.光明日报出版社,2013:56.

执梢，指挥进退。船上另有三人，一执旗，一击鼓，一敲锣，以助赛威”。①

3. 中国古代的水嬉

水嬉也作“水戏”，是中国古代水上娱乐运动的总称，包括游水弄潮、水秋千、水傀儡、赛船和水上杂戏等。②《太平广记》卷226引《述异记》曰：“吴王夫差筑姑苏台……又作大池，池中造青龙舟，陈妓乐，日与西施为水戏。”这是我国古代有关水嬉的最早记载。水戏是历代皇室和贵族喜爱的消遣娱乐方式。《拾遗记》载：“汉昭帝元始元年，穿淋池，广千步……时命水嬉，游宴永日。”唐宋时代，水戏之风大盛，上到帝王下到普通百姓民间无不欢喜。唐玄宗时，京兆尹黎干为讨皇帝欢心，“密具舸船作倡优水嬉”（《新唐书》卷145《黎干传》）。因为广受欢迎，唐代民间艺人的水嬉技能也被锻炼得极其高明。赵璘的文言笔记小说集《因话录》卷六“羽部”中记录了民间艺人胡曹赞的水嬉表演：“洪州（今江西南昌）优胡曹赞者，长近八尺，知书而多慧。凡诸谐戏，曲尽其能，又善为水嬉。百尺樯上，不解衣投身而下，正坐水面，若在茵席。又于水上靴而浮，或令人以囊盛之，系其囊口浮于江上，自解其系。至于回旋出没，变易千状。见者目骇神竦，莫能测之。”胡曹赞所表演的水嬉不是一般的水上娱乐，而是水上杂技表演，如“百尺樯上，不解衣投身而下”是高台跳水表演，“令人以囊盛之，系其囊口浮于江上，自解其系”是水中逃生表演，都具有非同一般的高超技巧。水嬉主要包括以下门类：

（1）游水

游水即游泳，它最初是人类为了生存所习得的一项技能。早

① 彭敏. 中国节. 中国财富出版社，2013：99.

② 龙舟竞渡也属于古代水嬉的内容，但其规模和影响超越了其他古代水嬉，所以本书将其单列。

在原始渔猎社会,人类就已经掌握了游水的技能。到了先秦时期,古人的游水技能已经比较普及,连普通农妇也可以掌握,如《诗经·谷风》模拟平民弃妇的口吻,回忆往昔生活说:“就其深矣,方之舟之。就其浅矣,泳之游之。”此时已经出现了游水高手。《庄子·达生》中就记载了一个游水高手的故事:“孔子观于吕梁,县水三十仞,流沫四十里,鼋鼍鱼鳖之所不能游也。见一丈夫游之,以为有苦而欲死也。使弟子并流而拯之。数百步而出,被发行歌而游于塘下。”孔子有一次在吕梁山游览,看到瀑布有几十丈高,流水的泡沫溅出三十里,鼋鼍鱼鳖也不能在那里游动,却有一个男人在游泳。孔子以为他是因痛苦而想自杀的人,便叫弟子顺着水流去救他,谁知这个人游了几百步又出来了,披着头发唱着歌,在塘埂下漫步。一些具有高超游泳技巧的人还成为水中救人的高手。《南齐书·张敬儿传》载:“敬儿乘舴艋过江,诣晋熙王燮。中江遇风船覆,左右丁壮者各泅走,余二小吏没艑下,叫呼救,敬儿两掖挟之,随船覆仰,常得在水上,如此翻覆行数十里,方得迎接。”一人同时挟救二人,没有高超的游泳技术是做不到的。同时,游泳还成为南方诸侯国水军官兵需要掌握的战斗技能,成书于战国末期的兵书《六韬·奇兵篇》说:“奇技者,所以越深水渡江河也;强弩长兵者,所以逾水战也。”秦汉以后,游水活动日益兴盛,并逐渐向娱乐化方向发展,出现了弄潮。

(2) 弄潮

弄潮是一种迎海潮的集体泅渡活动。民间传说认为弄潮起源于春秋时期,是为了纪念吴国大夫伍子胥而举行的活动。早期的弄潮在山东一带很流行,汉代则以扬州为中心,而唐宋时期浙江的弄潮最为热闹。当时每年端午节都要在钱塘江举行规模盛大的弄潮活动。宋代是钱塘江弄潮活动最为活跃的时期。南宋词人辛弃疾曾这样描述弄潮儿表演的壮观场面:“吴儿不怕蛟龙怒,风波平步,看红旆惊飞,跳鱼直上,蹙踏浪花舞。”(《摸鱼儿·观潮上叶丞相》）南宋吴自牧的《梦粱录》中有关于弄潮活动的记录："观潮，其杭人有一等无赖不惜性命之徒，以大彩旗，或小清凉伞，红绿小伞儿，各系绣色缎子满竿，伺潮出海门，百十为群，执旗泅水上，以迓子胥弄潮之戏，或有手脚执五小旗浮潮头而戏弄……自后官府禁止，然亦不能遏也。"周密的《武林旧事》也记录了弄潮："吴儿善泅者数百，皆披发文身，手持十幅大彩旗，争先鼓勇，溯迎而上，出没于鲸波万仞中，腾身百变，而旗尾略不沾湿，以此夸能。"明清时期，钱塘江弄潮活动依然很兴盛。除了弄潮表演之外，还有很多其他的水嬉，如水傀儡、水百戏等。

（3）水傀儡

水傀儡就是在船上表演的傀儡戏。宋代的《东京梦华录》卷七曾记录了水傀儡的表演："又有一小船，上结小彩楼，下有三小门，如傀儡棚，正对水中。乐船上参军色进致语，乐作，彩棚中门开，出小木偶人，小船子上有一白衣垂钓，后有小童举棹划船，缭绕数回，作语，乐作，钓出活小鱼一枚，又作乐，小船入棚。继有木偶筑球舞旋之类……谓之'水傀儡'。"船上有一个小彩楼，彩楼下开着三个小门，像陆上的傀儡棚那样。当音乐奏起来以后，彩楼的中门开启，有小船和小木偶人出来。小船上有一个穿着白色衣服的人在钓鱼，小船的尾部有一个童子在执桨划船，小船绕了几个圈子，说了些话，奏了些乐，小木偶人就钓起一尾活的小鱼。音乐奏起来，小船就进了彩楼。接着另有木偶出来，表演筑球①、舞蹈等技艺。

（4）水百戏

水百戏是指在水面上进行的百戏活动。"百戏"一词产生于汉代，是对以杂技为主的民间诸技艺的称呼，《汉文帝纂要》载："百戏起于秦汉曼衍之戏，技后乃有高絙、吞刀、履火、寻橦等也。"

---

① 筑球即掷水球，也是一种水上运动。玩的时候人站在岸上，将球向水面抛掷，以赛远近。宋徽宗《宫词》曾描绘掷水球的运动："戏掷水球争远近，流星一点耀波光。"

百戏包括找鼎、寻橦、吞刀、吐火等各种杂技和幻术，还包括装扮人物的乐舞，装扮动物的“鱼龙曼延”等。船上的水百戏正式出现于唐代，到宋代有了新发展。《宋史·礼志》记载皇帝亲自参加游泳比赛，观看水上百戏，掷银瓯于浪间，令人泅波取之。百戏的主角除了民间艺人之外，还包括各种可以在水中活动的动物。《癸辛杂识·故都戏事》称：“以髹漆大斛满贮水，以小铜锣为节，凡龟鳖鳅鱼皆以名呼之，即浮水面，戴戏具而舞，舞罢既沉，别复呼其他，次第呈伎焉。”

(5) 水秋千

水秋千是一种重要的水嬉，是跳水与荡秋千相结合而发展成的水上运动。首先要在彩船船头立秋千。荡秋千时必须有鼓乐伴奏，当秋千摆到几乎与顶架横木相平行时，荡者便脱离秋千翻跟斗掷身入水。所以水秋千也是一种难度系数相当大的古代花样跳水。

《东京梦华录》卷七《驾幸临水殿观争标锡宴》一章讲述了水秋千表演的场景。那时表演的时间是在每年三月。通常在三月二十日左右，宋徽宗会带着自己的家人和大臣，驾幸皇家园林观看龙船比赛。而水秋千是作为龙舟赛前的表演项目供观赏的。“又有两画船，上立秋千，船尾百戏人上竿，左右军院虞候监教鼓笛相和，又一人上蹴秋千，将平架，筋斗掷身入水，谓之‘水秋千’。”龙舟开赛之前，临水殿前泊有两艘画船，船上立着秋千，船尾有伎人做各种杂技表演，旁边又有一些人击鼓吹笛助兴。然后一人现身登上秋千，稳稳荡起，越荡越高，当身体与秋千的横架差不多平行时，突然腾空而起，弃秋千而出，在空中翻跃几个筋斗，最后掷身入水。由于表演者起跳的踏板是不固定的秋千板，所以必须抓住最佳时机才能展示出最漂亮的动作，因此难度很高。

4. 民间生产性体育活动

在我国沿海渔民中，还形成了很多与海洋生产密切相关的体育活动。

（1）“攻淡菜”

“攻淡菜”就是在浅海采集淡菜和其他贝壳类海洋动物。淡菜是贻贝科动物，也称青口、海虹等，有雅号“东海夫人”。一些贻贝生长在礁岩的底部，滨海渔民不需要潜水工具便可以潜入海下3—4米处采集，这种生产活动俗称“攻淡菜”，又称“水底攻”。我国东南沿海一带的渔民，自小就接受潜水训练，人人都具有一身高超的“攻淡菜”本领，并在作业时相互攀比，形成具有体育娱乐性的生产习俗。渔民攻淡菜时，要先找到适合淡菜生长的场地，比如紫色的长尾藻生长的礁石上方。然后在礁石上热身，热身以后身系“攻袋”（海底采集时用以盛放淡菜的袋子），手拿“攻锹”（用以从礁石上铲下淡菜的铲类工具），跃入海中。到海里找到“长”着淡菜的礁石后，用攻锹铲下，装入攻袋中，直至肺内氧气快要用尽才浮出水面，一面换气，一面将淡菜卸在露出海面的礁石上。不少渔家女儿善于潜水，也成为“攻淡菜”中的好手。为了提高产量，增加安全系数，当代也有渔民们身穿潜水衣，带着氧气瓶攻淡菜，这使得其作业范围得以拓宽。

（2）“踩泥艋”

“踩泥艋”是海洋渔业生产习俗之一。泥艋俗称泥滩船，是渔民在滩涂上采摘紫菜、捕蟹捉虾的必不可少的交通运输工具。泥艋形似船形，长一米半左右，宽不足半米，深也不足半米。船体基本上呈长方形，头部稍窄，尾部略宽。船后三分之一处设有横杠为扶手。泥艋船体较轻，一个成年人可以扛动。在泥涂上使用泥艋时，一脚半跪船上，一脚用力踩踏滩涂推船前进，轻便快捷，因而被称为“踩泥艋”。而采捕上来的养殖物或贝藻类就放在船中。

（3）“踩文蛤”

文蛤是一种贝类软体动物，经济价值高、营养丰富、肉质鲜美。海水退潮后，很多文蛤被冲到岸边，被泥沙覆盖住。为了采集文蛤,渔民们必须用脚踏踩沙滩,将覆盖在泥沙下的文蛤挤出来,这种生产作业活动叫做“踩文蛤”。踩文蛤时,必须讲究方法。首先要沉得住气,在同一地点反复踩踏较长时间。不仅要一脚接着一脚往下用力,而且要前后摆动,尽量挤压泥沙。当泥沙进一步松动,脚底便会感觉一个个光滑的硬物,然后继续踩压,文蛤就会显露出来。待泥沙中有文蛤显出,就要用扒钩钩出。踩文蛤时需要扭动腰肢的时候,就像跳迪斯科,因此踩文蛤又有“海上迪斯科”的美誉。

“攻淡菜”、“踩泥艋”和“踩文蛤”这些活动已经由生产性体育活动演变为体育习俗,并在当代受到不同程度的开发。比如温州的霓屿岛紫菜文化旅游节中,“踩泥艋”就成为一项重要的体育活动,游客们可以坐上泥艋船,体验渔民在滩涂上采摘紫菜的生产活动。而“踩文蛤”也成为南通吸引旅游者的重要旅游体验活动。类似“攻淡菜”、“踩泥艋”和“踩文蛤”这样的生产性体育活动,具有浓郁的地方特色,是海洋休闲体育开发的重要资源。

除了上述海洋体育休闲资源外,还有一些从古代军营活动演变而来的休闲体育项目,以及以娱乐为目的的休闲体育项目。前者比如泉州地区的“攻炮城”。“攻炮城”是从中国古代军营活动演化而来的。相传郑成功在石狮蚶江水操寨操练水师时,创造了这一运动项目,目的是锻炼士兵的抛掷、瞄准技巧,提高作战能力。“攻炮城”的具体活动方法是:用竹子和纸扎成城垣,悬挂在空旷处,约两层楼高,攻城的炮手将各自事先准备好的鞭炮点燃,对准炮城投掷出去。能将鞭炮投掷到城垣的炮芯上,并引起炮城爆炸的就是胜利者。[①] 捉鸭子(金猪)是泉州地区一项以娱乐为目的的健身竞技的水上活动。民众在船头架一根涂满油脂的圆木。圆木的末端挂着装有鸭子(猪)的笼子。活动时,要赤脚从圆木的一端

① 福建省文明办. 福建节庆习俗. 海峡文艺出版社,2011:301.

走到另一端，然后拉开笼子的活门，捉住鸭子（猪）。如果拉开活门时，鸭子（猪）跃入水中，参与活动者必须要跟着跳进水中，捉住鸭子（猪）。①

（二）中国现代海洋休闲体育的主要开发模式

现代海洋体育产业发展要从海水浴场算起。最早的海水浴场出现于18世纪中期的英国，斯卡伯勒和布赖顿都发展起现代海水浴场，游泳的健身娱乐性得到重视。19世纪中叶开始，欧洲大西洋沿岸、波罗的海沿岸各地在海水浴场的基础上发展出众多的海滨疗养场所，海洋体育的健身和保健价值得到重视。这些海滨疗养场所利用海水浴、阳光浴治疗疾病和医疗保健。此时期还出现了传统海洋体育活动之外的新型水上娱乐项目，如滑水、摩托艇、空中跳伞等。20世纪初，在地中海沿岸，美国的加利福尼亚、夏威夷等地出现了沙滩运动项目和海上运动项目，其中沙滩排球和冲浪等项目都广受欢迎。到20世纪中叶，在沙滩体育运动和海上体育运动的带动下，热带海滨旅游活动受到热捧，与其相关的海底观光、海洋体育活动得到迅速发展。20世纪90年代以后，亚太地区的夏威夷、巴厘岛、槟榔屿和普吉岛成为世界上最受旅游者欢迎的四大海滨旅游胜地。为了满足消费者对海洋运动休闲的需求，日本、法国等发达国家建起了不少室内海滨浴场，这些浴场包括人造海滩、人造激流、冲浪、滑道等体育健身设备，因安全方便而广受欢迎。

中国的海洋休闲体育业在国际海洋休闲体育的大背景下，自20世纪末以来也得到很大发展，尤其是沿海区域积极发挥海洋资源优势，形成了一些独具特色的民俗体育休闲活动。比如浙江舟山地区已经发展出包括沙滩球类运动、海上球类运动、泥滩球类运动、泥上速滑运动、泥上摔跤运动、海钓、海滩风筝、船拳、抛蟹笼、搬轮胎、爬船网、铁人三项等在内的30多个大项、100多个小项的

---

① 福建省文明办. 福建节庆习俗. 海峡文艺出版社，2011：299.

海洋体育比赛项目。①

从开展体育活动的场地角度来看,我国海洋休闲体育可以分为近岸水体体育和沙滩体育。近岸水体体育以海水浴和垂钓为最基本方式,此外还有如摩托艇、航海模型和水翼等机械动力体育,以及如帆船、帆板和遥控帆船等风力体育,还有如划船、冲浪和皮划艇等人工动力体育。沙滩体育则包括沙浴、沙滩排球、堆沙、沙滩摩托、野炊、烧烤和沙滩篝火晚会等。以本国海洋体育资源为基础,结合我国沿海的相关具体情况,以及国际海洋体育休闲产业的发展,中国海洋休闲体育业的开发可以围绕如下模式展开:

1. 游潜业

游潜包括游泳和潜水两种海中运动。其中,游泳运动更是普及程度较高,借助一般海水浴场就可以开展的一项活动。游泳包括实用游泳和竞技游泳两大类。实用游泳可以分为侧泳、潜泳、反蛙泳、踩水等,竞技游泳可以分为蛙泳、爬泳、仰泳、蝶泳等。竞技游泳从1896年第一届奥运会开始就已经被列入正式项目。适宜开展游泳活动的滨海浴场可分为天然浴场和人工浴场两类。如三亚亚龙湾、深圳大鹏湾等均是典型的天然浴场。当岸线不适宜开辟天然浴场时,也可以用人工方法利用潮差换水或利用抛沙方法建立人造浴场,如湛江市海滨游泳场和大连星海浴场都是典型的人工浴场,它是滨海城市解决海水浴场不足的新途径。

随着潜水器材的进步,潜水运动在我国也得到了蓬勃发展,不少潜水组织应运而生。我国有名的潜水地在海南三亚海域。三亚海域是世界公认的潜水胜地,水下能见度为8—16米,有些地方甚至达到25米。游客经过简单的培训,便可以在潜水教练的陪伴下,穿行于海底,欣赏成群的热带鱼和美丽的珊瑚。

目前我国游潜业的发展中存在一些问题,比如资源开发利用

① 苏勇军.浙江海洋文化产业发展研究.海洋出版社,2011:201.

不充分，夏季海滩人满为患。我国海洋休闲体育产业的发展，因为历史短暂、资金不足而缺乏深度与层次等问题，主要仅限于对海水、阳光和沙滩等自然旅游资源的直接利用，缺乏陆域和水上体育运动。而空间上注重近岸水域和沙滩的利用，忽视海洋岛屿及陆域腹地的开发。由于资源及环境开发利用的局限性，使得夏季蜂拥而至的游客过于集中在海滩，而形成人满为患的局面。[①] 又比如滨海环境遭到破坏，影响海洋休闲体育产业发展。在我国，不合理占用海岸线的现象很普遍，由此造成了近岸水域的严重污染。大连沿岸地区就建有一些污染严重的企业，这些企业的排污影响了大连星海公园滨海浴场的水质。近些年，随着地方经济的发展，滨海乡镇企业和地方工业得到了大规模发展，大量未加处理的污水被直接排入海洋，造成了近岸海域的严重污染。渤海沿岸工矿企业排污量一直较高，部分滩涂变成了黑色死滩。此外，有些地区近岸工程以及滨海大道等过于接近海滩，也破坏了滨海地区的环境。

2. *海洋游钓业*

海洋游钓业融休闲健身和竞技于一体，是一项陶冶情操、有益身心健康的体育活动。海洋游钓业的发展需要在沿海和近海岛礁上配以相应设施，如人工渔礁、游船、游艇、海上救生、疗养、餐饮、旅游服务设施等，供游人游览、垂钓、休养和疗养，是海洋休闲体育产业中最具发展前景的一个行业。海洋休闲游钓业，可以包括船钓、岸钓、滩钓、休闲养殖采捕、渔业知识展示等文化活动。这些项目一方面迎合了都市消费者休闲消费的需求，一方面也保护了近岸海域自然生态环境，同时还可以带动当地与游钓业相关的行业如造船、饵料、渔具加工、体育文化、商业网点乃至餐饮、交通、宾馆等产业的发展。

---

① 何书金等. 中国典型地区沿海滩涂资源开发. 科学出版社，2005：115.

3. 海洋观光业

从古至今,人类对辽阔的大海深处一直充满向往。海洋观光业的发展就满足了人类融入大海怀抱,近距离接触神秘的海洋生物,了解海洋生物生活环境的愿望,因而正受到越来越多游客的喜爱。海洋观光业的发展受自然环境影响较大,适合自然环境优良,没有污染,生物种群丰富多彩,海水清澈,可见度高的海域开展。观光潜艇和海中观光平台都是比较好的模式。

运用全封闭式的观光潜艇进行海底观光游览是海洋观光中常见的方式之一。当游客置身观光潜艇中,看到与陆地上截然不同的海底世界时,会使他们产生愉悦身心的感觉,我国的舟山海底地貌、海水深度都比较适合开展海底潜艇观光活动。除了能潜入海水很深的观光潜艇外,还有一些有较强防水密封性能的潜水玻璃船可以满足消费者海洋观光的需要。玻璃船有些可以全部沉入海水,有些是部分沉入海水里。游客可以透过玻璃船两面或船底的玻璃,观察海中世界,近距离观赏海洋生物及其生活环境,欣赏海景。此外,还可以在海中设置观光台或者观光设备供游客观赏海面风光。比如杭州湾跨海大桥海中平台上就建有16层的观光塔,塔高145.6米,游客在塔上可以切身体验“望海听潮观大桥”的感觉。[①]

4. 海上竞技业

中国古代的龙舟竞渡以及现代的帆船、划艇等海上娱乐竞技活动也是现代休闲体育业开发的重要模式。

古代的龙舟竞渡活动一直保留到当代。沿海地区每年端午节都要举行富有自己特色的龙舟竞赛活动。不仅在汉族地区,在少数民族地区,龙舟竞渡也是一项颇受欢迎的体育娱乐活动。比如贵州的苗族群众在“龙船节”赛龙舟,以庆祝插秧成功,并预祝五

---

① 金文姬,沈哲. 海洋旅游产品开发. 浙江大学出版社,2013:42-43.

谷丰登；云南傣族民众在泼水节赛龙舟是为了纪念本民族英雄。不同民族、不同地区，划龙舟的传说有所不同。直到当代赛龙舟这种活动形式还一直盛行，并于1980年被列入中国国家体育比赛项目。赛龙舟还先后传入日本、越南、英国等国家，深受各国人民的喜爱。1991年的农历五月初五，湖南岳阳市举行了首届国际龙舟节。

帆船在国际上是一项历史悠久又极具影响力的运动。美洲杯帆船赛与奥运会、足球世界杯、F1赛车并称为“世界范围内影响最大的四项传统体育赛事”。青岛是中国帆船运动的发源地，被誉为中国“帆船之都”，同时它也是2008年北京奥运会帆船比赛举办城市。青岛海岸线总长862.64公里，其中大陆岸线730.64公里。青岛海域广阔，海岸线曲折，环境优美，气候宜人，开发帆船运动具有得天独厚的条件。[①]

三、海洋休闲疗养产业

海洋休闲文化产业中除了上述的两种之外，还包括海洋休闲疗养产业。但此产业目前还缺乏很好地开发，本章简单介绍如下：

疗养是指以恢复体力或健康为目的的治疗和调养。休闲疗养则主要指以调养的方法达到最佳健康状态。滨海地区具有开展休闲疗养的良好自然条件。

第一，滨海地区具有良好的空气条件。滨海地区丰富的负氧离子对休闲疗养活动极为有益。滨海地区环境优美，植物茂盛，海洋大气中臭氧含量丰富，海浪撞击能促使空气离子化，对人体健康非常有利。

第二，滨海地区具有良好的气候条件。我国滨海地区基本具有冬无严寒、夏无酷暑的气候特征。在南方沿海，普陀山及其以南

---

① 陈锋仪. 中国旅游文化. 陕西人民出版社，2005：37.

的各滨海地区除少数地方在盛夏时节吹暖热风外,其余地区全年都盛行舒适风或暖风。在北方沿海,冬季之风也基本不会令人感到寒冷。环渤海广大地区一般在初夏到早秋体感温度最舒适,适合开展户外活动。而华南广大滨海地区几乎全年均适于开展户外活动。三亚和海口最宜开辟成冬季避寒胜地。

第三,滨海地区的温泉是开展海洋休闲疗养的重要条件。我国是世界上温泉分布最多的国家之一。地处东南沿海的广东、福建和台湾三省是我国温泉分布最为密集的地区之一。此外,属地热异常区的环渤海沿岸地区,也多有温泉分布。其中以山东半岛分布较多,仅烟台沿海目前就已发现七八处。[①] 温泉富含各种有价值的矿物质和微量元素,具有特殊的理化性能和适宜的温度,被用于治疗和保健已有悠久的历史。我国温泉休闲疗养的历史非常悠久。郦道元《水经注》中就有了关于温泉能治病的记录。“滱水出代郡灵邱县高氏山……又东合温泉水,水出西北暄谷,其水温热若汤,能愈百疾,故世谓之温泉焉。”北周庾信写了《温泉碑文》,记述了温泉的治病效果。唐庚在《游汤泉记》中探讨了温泉形成的原因。明代的杨慎著《安宁温泉诗序》,概括了我国温泉的分布。李时珍的《本草纲目》初步对温泉进行了分类。现代医学证明,温泉对于某些常见疾病如肠胃病、肥胖症、高血压、皮肤病、关节炎、妇科病等的治疗和防御,有良好的效果。随着世界人口老龄化趋势的进一步加剧,海洋温泉休闲疗养将越来越受欢迎。

① 李靖宇等. 中国海洋经济开发论:从海洋区域经济开发到海洋产业经济开发的战略导向. 高等教育出版社,2010:504.

第四章　中国海洋影视及其产业开发

海洋影视就是以海洋环境、海洋生物、涉海事件、涉海人群及其涉海实践等为题材的电影电视作品。电影电视是大众喜闻乐见的娱乐方式。通过讲故事来潜移默化地传播文化和发展文化是一种常用手段。所以海洋影视是一种重要的传播和发展海洋文化的有效手段。这方面的成功案例很多。1999 年上映的电影《泰坦尼克号》,以真实的海难事件为题材,是一部典型的海洋电影。泰坦尼克号由位于爱尔兰岛贝尔法斯特的哈兰德与沃尔夫造船厂兴建,是当时最大的客运轮船,被誉为几乎不可能沉没的船。1912 年 4 月,泰坦尼克号处女航时撞上冰山后沉没,导致船上 1 500 多人丧生。泰坦尼克号海难是和平时期死伤人数最惨重的海难之一。泰坦尼克号沉船事故对人类社会有着深远的影响:第一,它提醒人类不要妄自尊大,要尊重自然的力量;第二,该事件极大地影响了船舶制造、海上安全和无线电电报通讯。1913 年 12 月 12 日,英国伦敦召开了第一届海上生命安全国际大会。根据大会制定的条约成立了“国际冰情巡逻队”,检测和报告北大西洋上可能威胁航船的冰山。条约还规定:所有的载人船只都必须要有足够的救生船来装载船上的所有人,无线电通讯要保持 24 小时开通,从船上发射的火箭必须被解释为求救信号。正因为泰坦尼克号沉船事件在多方面的影响,《泰坦尼克号》电影上映时吸引了众多观众。全球票房收入为 18 亿 3 540 万美元,位居全球历史单部影片票房第一名。2012 年该作重新推出 3D 版,再次掀起观影热潮。[①]

目前,中国以海洋为题材的影视作品还不多。其中的叙事作品内容大多集中在海洋神话故事、海神信仰、涉海历史人物方面,对海洋文化其他方面的关注则较少。而海洋纪录片对海洋的描述大部分还是从政治、军事和经济角度出发,从文化视角的关注也较少。在发展海上新丝路的大背景下,中国影视作品创作应当将海洋文化作为当代主流文化的一部分加以考虑,有意识地增加海洋主题的影视产品,从而增强民众的海洋意识,倡导人与海洋的和谐发展,并促进海洋文化产业的发展。

一、中国海洋电影

中国电影正式诞生于1905年,当时北京丰泰照相馆的任庆泰为庆祝京剧演员谭鑫培的生日而为其拍摄了一段由他主演的京剧《定军山》的部分场面。这是中国最早的戏曲纪录片,也是中国最早的电影。中国电影的发展经历了默片时期、有声片时期、新中国成立十七年时期,以及新时期几个阶段。

1921年属于中国电影的默片时期。当年在上海拍摄和上映了一部爱情故事片《海誓》,是中国最早的故事长片之一。影片讲述了这样的故事:女子福珠与穷画师周选青相爱。两人私下订立婚约,并盟誓负约者将蹈海而死。但福珠被有钱的表兄诱惑,并准备与之举行婚礼。后来,福珠良心发现从婚礼现场逃离去找周选青。被周选青拒绝后,福珠到海边试图自杀,被赶来的周选青救下,两人终成佳偶。《海誓》是一部涉海题材的电影,可以看作中国海洋电影的开端。

在中国海洋电影早期,还有一部重要的作品一定要提及,那就是著名导演蔡楚生的代表作《渔光曲》,创造了当时国产影片的最

---

① 刘倩玲. 利用影视动漫产业发展广西海洋文化. 歌海,2012(5).

高上座纪录。《渔光曲》拍摄于1934年,上映时轰动上海滩,连映长达三个月。1935年,《渔光曲》又在莫斯科国际电影节上获荣誉奖,是中国第一个在国际上获奖的故事片。《渔光曲》以两个渔家孩子的生活经历为线索,讲述了东海贫苦渔民的悲惨生活,折射出当时中国城市和渔村的社会生活景象,开创了中国电影现实主义的先河。《渔光曲》以东海渔村的渔家孩子为主角,以现代化过程中渔民破产、渔村经济解体为背景,是中国第一部真正意义上的海洋电影。

中国海洋电影数量较多,内容较为丰富。从题材与内容角度,可以将我国的海洋电影分为如下几种类型:

第一,海军题材海洋电影。我国较早的海洋军事题材电影是八一电影制片厂拍摄的《海鹰》。该片于1959年上映,是国庆十周年的一部献礼片。《海鹰》以1958年"8·24"海战的鱼雷快艇出击的海战情节为主要题材,反映了人民海军的战斗经历,当时公映后好评如潮,成为八一电影制片厂的经典之作。此类型电影还包括海燕电影制片厂的《水手长的故事》(1963年)、八一电影制片厂的《南海风云》(1976年),《南海风云》是我国第一部以维护国家领土完整为题材的战争影视作品。1977年,香港邵氏兄弟有限公司制作了一部以第二次世界大战日军侵占上海为背景,反映国民党海军反抗侵略的影片《海军突击队》。由狄龙、傅声、姜戴维等著名影星出演,而且动用了军舰协助拍摄,在当时来看已经是一部大制作了。1998年上海电影制片厂拍摄的《海之魂》也是一部投资过亿元的军事大片。

第二,反映涉海民众生产生活实践的海洋电影。上海电影制片厂拍摄的京剧电影《海港》(1971、1973年①)是以海港工人的工作和阶级斗争为主题的影片;北京电影制片厂拍摄的《大海在呼

① 该片由上海电影制片厂于1971、1973年先后拍了两次。

唤》(1982 年),聚焦中国海员与海运事业;福建电影制片厂《大海风》(1993 年)则是一部反映造船工人生活的主旋律电影。《大海风》曾获得 1993 年“五个一工程”奖,以及 1994 年“华表奖”特别贡献奖。

2010 年 6 月 18 日在中国内地上映的《海洋天堂》,由北京数字印象文化传播有限公司、北京和禾和文化传媒有限责任公司、佳选有限公司联合投资拍摄。该片讲述了一个父亲倾尽所有,守护孤独症儿子的感人故事。《海洋天堂》是一部以海洋馆为背景的海洋电影,主要故事都发生在海洋馆,是一部海洋电影。上映头两周,票房就突破了 1 000 万元。

第三,反映涉海人群爱情生活的海洋电影。香港拍摄的《渔歌》(1956 年)是中国当代较早的海洋电影,影片讲述了渔家女与画家的爱情悲剧。中影金马(山东)影业有限公司于 2015 年 3 月发行的爱情喜剧电影《海岛之恋》则讲述了两个均被爱情伤害的男女在海岛相遇并最终找到真爱的故事。

第四,以涉海神话传说为题材的海洋电影。此类型电影中较早的当数 1971 年林仲子编剧、陈洪民导演的《八仙渡海扫妖魔》。八仙过海题材在中国电影界相当受欢迎。1993 年,蒋家骏导演的《笑八仙》在香港制作完成并于同年 11 月上映。该电影由知名艺人郑少秋、关之琳、吴君如、温兆伦、郑丹瑞、吴孟达等人出演,上映后受到热烈欢迎。

白蛇传传说是另一个备受海洋电影青睐的题材。白蛇传传说在中国家喻户晓,妇孺皆知。它与孟姜女传说、牛郎织女传说、梁山伯与祝英台传说并誉为中国古代四大传说。从核心情节来看,白蛇传传说是一个涉海传说,主要体现在白蛇传传说的核心情节——水漫金山:为了捍卫自己的爱情,白娘子在与法海斗法的过程中,掀起巨浪吞没了金山寺及周边房屋。不少以白蛇传传说为蓝本的电影也都将水漫金山作为核心情节进行刻画,这些电影都可以看作海洋电影。1980 年上映的京剧电影《白蛇传》是我国早期以白蛇传传说为题材的电影。该片荣获 1980 年文化部优秀影片奖舞台艺术片奖，1981 年金鸡奖最佳特技奖提名，以及 1982 年第五届《大众电影》百花奖最佳故事片奖。1993 年，同样取材自白蛇传传说的电影《青蛇》公映。该电影由徐克导演，张曼玉、王祖贤、赵文卓、吴兴国主演，曾获第 13 届香港电影金像奖最佳美术指导、最佳电影配乐、最佳服装造型设计三项提名，并成为香港电影的经典之作。在该片中，水漫金山情节作为电影的高潮和结尾升华了主题。

2011 年 9 月 2 日，同样以白蛇传传说为题材的《白蛇传说》在威尼斯举行全球首映礼。该片由程小东执导、崔宝珠监制，李连杰、黄圣依、林峰等领衔主演。该片以超过 2 亿的票房成为 2011 年内地国庆档票房冠军，海外上映首周以 1 600 万美元左右的票房问鼎全球票房榜周冠军，并摘下了华语电影在全球票房市场的首个桂冠。[①] 同时，《白蛇传说》还作为唯一一部华语影片在第 68 届威尼斯电影节中展出，并获得西班牙西切斯电影节最佳贡献奖，且获得金马奖及金像奖提名。水漫金山情节同样是《白蛇传说》的高潮。

二、中国海洋电视剧

中国电视剧从 1958 年 5 月 1 日北京电视台（非现今的北京电视台，中央电视台的前身）播出的《一口菜饼子》开始，已经走过了 50 多年的历史。"文革"结束以后，中国电视剧的发展大致可以分为勃兴时期（1978—1984 年）、快速发展时期（1985—2000 年）和

---

① 《白蛇传说》票房过 2 亿. 北京青年报，2011－10－25(B14).
《白蛇传说》海外票房创佳绩. 南国早报，2011－10－10(46).

繁荣时期(2001 年至今)三个阶段。[1] 以海洋为题材的电视剧起步较晚,出现于 20 世纪 80 年代以后。但 90 年代以前的海洋电视剧数量非常少,八九十年代的海洋电视剧集中出现于港台地区。到了 2000 年以后,中国大陆地区制作的海洋电视剧逐渐兴旺起来。中国海洋电视剧主要围绕涉海人群及其生产生活实践,涉海历史人物事迹,以及海洋神话传说等内容展开,可以分为三种类型。

第一,反映涉海人群及其生产生活实践的电视剧。2008 年上映了 22 集古代传奇电视剧《九姓渔民》。“九姓渔民”是一个相对封闭的水上渔民群体,在旧社会被当作“贱民”。所谓的九姓是:陈、钱、林、李、袁、孙、叶、许、何这九种姓氏。他们以浙江省西部三江交汇的建德市梅城镇(旧严州府府治)为中心,主要分布在新安江、兰江、富春江(七里泷一段)上,即建德、兰溪、桐庐一带。相传他们的祖先是明初陈友谅的部属。陈友谅兵败后,他的一部分部属流落到新安江一带。当地官府对他们严加看管,不准上岸居住,不准参加科举,不准穿长衫鞋子,更不准与岸上人通婚,几百年来形成一个相对封闭的水上部落。一直到民国,“九姓渔民”仍被人们看作是贱民。电视剧《九姓渔民》就将目光投向这个群体,以民国时期九姓渔家女陈雪梅与徽商子弟朱文甫的婚恋故事为线索,讲述了九姓渔民试图上岸生存,并最终与岸上民众融合的故事。

第二,反映涉海历史人物事迹的电视剧。2006 年 3 月 27 日于央视一套播出的 37 集历史剧《施琅大将军》,是由福建电影制片厂摄制的。该剧以清朝康熙皇帝平定台湾的史实为背景,讲述了著名爱国将领施琅将军为实现国家统一贡献毕生精力的英雄壮举。该剧制作气势恢弘,成功地运用了虚实结合、文戏与武戏结合的手法,逼真壮观地再现当年的平台海战,将全剧推向高潮,具有

① 韩敏. 文艺鉴赏教程. 西南师范大学出版社,2012:134－140.

相当的冲击力和表现力。2007 年播出的 36 集古装电视连续剧《怒海雄心》由龙海市委宣传部出品。该剧以开创“隆庆开海”局面的福建海安侯萧天远生平事迹为蓝本,讲述了力图开明代海禁的萧天远在福建沿海鼓励航海贸易,依靠海商打击海盗,维护国家主权的故事。2009 年 3 月在央视八套播出的《郑和下西洋》是中央电视台出品的古装电视剧。该剧以郑和下西洋的历史事实为背景,塑造了杰出的外交家、航海家郑和的形象,展示了明朝中国对外交往的情形,以及周边各国的风土人情。

第三,反映海洋神话和海神崇拜的电视剧。1985 年香港亚洲电视出品了 20 集电视连续剧《八仙过海》,这是较早反映海洋神话传说内容的电视剧。1992 年 11 月 15 日在台湾台视首播的《新白娘子传奇》是一部“融合音乐歌舞戏曲元素”的古装神话电视剧。1993 年,该剧在中央电视台播映,获得年度收视冠军。后又被引进日本、泰国、越南等亚洲国家。2004 年,央视一套和央视八套进行重播,夺得这两个频道的年度收视冠军。1993 年,该剧获日本第 20 届国际电视美术展金牌奖,同时入围台湾第 28 届金钟奖戏剧类作品奖。2005 年,该剧入选新加坡媒体评选 20 世纪百部华语经典。2006 年,央视再次重播该剧,同样创下收视率第一的成绩。2015 年,《新白娘子传奇》获中国电视剧杰出成就奖。同一题材的电视剧还有 2006 年 5 月 1 日起在央视八套播映的 30 集电视连续剧《白蛇传》,由中国电视剧制作中心制作。

1999 年在香港翡翠台首播的《人龙传说》是香港电视广播有限公司出品的古装神话剧,该剧讲述龙女与凡间男子叶希之间的爱情故事。在香港 TVB 剧集黄金十年大盘点中,《人龙传说》被媒体提名“最佳服装造型设计”。

古装神话剧《精卫填海》于 2005 年 8 月 16 日在深视二套电视剧频道首播,2007 年在广西卫视、陕西卫视、安徽卫视、山东卫视四大卫视同时播出。该剧以《山海经》中的“精卫填海”神话为基础,以精卫、后羿拯救炎帝、帮助人类、化解灾难、消灭邪魔、拯救人间的故事情节为主题,采用上古神话,讲述了人间真情和天界正义、人神友情和人神魔三界爱情的悲壮故事。

40集神话古装剧《八仙全传》于2009年播出。该剧讲述的是唐朝末年的东海一带有瘟疫肆虐,汉钟离和铁拐李为拯救苍生百姓,决定往东海之东的药岛采药,但东海早已被东海龙王封锁,无人可达东海之东的药岛。玉帝遂遣汉钟离和铁拐李两仙下凡,找寻尚未成仙的其余六仙,合八仙之力,渡过东海,采药以济苍生。

2013年初在央视八套播出的电视剧《妈祖》由中央电视台、北京网连八方文化传媒有限公司联合出品,该剧以妈祖生平事迹传说为主要内容。《妈祖》播出以后收视率稳步攀升。据央视索福瑞收视数据显示,《妈祖》播出期间平均收视4.071 4%,最高收视5.222%。[①] 这在央视八套开年大剧播出史上位居首位,取得了神话剧的收视冠军。2013年12月,《妈祖》获得第29届中国电视剧飞天奖长篇电视剧二等奖。

总的来说,中国海洋电视剧娱乐性较强,反映现实问题的能力较弱,后续衍生产品的开发几乎被忽略。

三、中国海洋动画

中国是亚洲较早诞生动画的国家,早在1926年,万氏兄弟就在上海制作了中国首部动画片——《大闹画室》。影片全长12分钟,由长城画片公司出品。1941年,万氏兄弟又完成了亚洲首部有声动画长篇《铁扇公主》。这是继《白雪公主》《小人国》《木偶奇遇记》之后的世界动画史上的第四部长篇动画,富有浓郁的中国特色。影片取材于古典小说《西游记》中的"孙悟空三借芭蕉扇"一段故事,片长80分钟,由新华影业公司摄制,中国联合影业

---

① 《妈祖》央视收视创纪录.福建日报,2013-01-11(6).

公司出品。影片在上海上映后获得空前好评，后来又陆续在香港地区、东南亚和日本上映，反响热烈。《铁扇公主》也开创了中国动画片取材于古代神话传说的先河。1957 年，上海美术电影制片厂成立，以万氏兄弟、钱家骏、特伟、虞哲光等为代表的中国动画人又先后创作出了《大闹天宫》《小蝌蚪找妈妈》等优秀作品。这一时期的动画片制作中较多地运用中国水墨画与剪纸艺术、戏曲等传统艺术形式，充分反映了“百花齐放”的时代艺术精神，并产生了蜚声世界的以水墨动画为代表的“中国画派”。

早期中国动画成就斐然，内容广泛，并不局限于低幼题材。但“文革”结束以后，中国动画创作理念受到“文革”末期拍摄的《小号手》等作品的影响，被固定为儿童教育材料，极大影响了之后的中国动画选题。改革开放后，中国动画制作进入繁荣时期，1978 年至 1989 年十年间，《哪吒闹海》《天书奇谭》《葫芦兄弟》《黑猫警长》等延续了万氏兄弟风格的优秀动画不断涌现。20 世纪末，随着国内动画制作接轨国际，中国动画产量大增，出现大量的长篇系列动画，如《西游记》《大头儿子和小头爸爸》《蓝皮鼠与大脸猫》《海尔兄弟》等。但总体来看，动画制作理念缺乏创新，制作水平与美国、日本动漫相差较大。2004 年 4 月，国家广电总局研究制定了《关于发展我国影视动画产业的若干意见》。《意见》要求每个播出动画片的频道中，国产动画片与引进动画片每季度播出比例不低于 6∶4。这种保护政策创造了对国产动画片的大量需求，为国产动画片的发展提供了强有力的支持。

从中国动画发展史来看，水体题材尤其是海洋题材相当受欢迎，其中的海洋神话传说更是中国动画界异常青睐的题材。

1.《小蝌蚪找妈妈》——中国第一部水体题材动画片

1961 年上映的片长 15 分钟的《小蝌蚪找妈妈》是中国第一部水墨动画片，也是中国第一部以水体为背景和环境的动画片。该片由上海美术电影制片厂摄制。动画原型出自齐白石的水墨名作

《蛙声十里出山泉》,讲述了小蝌蚪百折不挠寻找妈妈的经历,影片所营造的单纯、质朴、简洁的童话世界,不仅深得儿童观众的喜好,也受到了成年观众的欢迎。

该片是一部儿童科教美术片,在欣赏动画作品的同时可以让儿童了解青蛙特殊的生殖和发育方式。当时上海美术电影制片厂为创造出这部作品进行了大量探索,并最终获得了前所未有的成功,开创了我国水墨动画的先河。这部影片具有极高的艺术价值和历史意义,在1962年第一届中国电影百花奖上荣获最佳美术片奖。直到拍竣后的十多年,该片还在多个国际电影节上获得荣誉。

2.《八仙过海》——中国第一部海洋动画电影

中国最早的以海洋神话传说为题材的动画片是上映于1983年的彩色木偶神话片《八仙过海》。该片由福建电影制片厂摄制。影片的主要内容是:八仙为使下界民众过上美好的生活而相约渡海把仙花送往人间。当八仙行至海上,仙花被龙太后发现。龙太后为了返老还童,施展诡计将仙花劫走。八仙为夺回仙花三进龙宫,终于制伏了龙太后,夺回了仙花。该片故事完整,情节曲折,具有现实教育意义。神话片的主角是富有民族特色的木偶,这是一次大胆的尝试。影片中的木偶表演进行了创新,突破了传统木偶戏的舞台限制,添加了许多立体景物,使木偶表演更富有生活气息。

3.《琴岛与海尔》——中国第一部由企业投资的海洋动画

20世纪90年代,中国动画界诞生了第一部由企业投资的动画片——《琴岛与海尔》。该片以海岛为背景,也是一部海洋题材的动画。该片由海尔集团的前身——山东青岛电冰箱总厂投资拍摄,它的诞生打破了国家办文化的传统做法。1985年,海尔引进德国利勃海尔公司的冰箱生产技术和设备,生产高品质冰箱产品,并设计了象征中德儿童的吉祥形象——"海尔兄弟"。为了宣传企业形象和产品,1991年海尔公司投资拍摄了第一部推广动画片——《琴岛与海尔》(又名《音乐岛》)。影片以少年英雄琴岛和海尔为保护小动物与墨鱼精进行斗争的故事讲述了“美总会战胜丑,善总会战胜恶”的道理,播出以后受到儿童观众的热烈欢迎。

4.《海尔兄弟》——中国经典海洋动画

在《琴岛与海尔》的基础上,海尔集团又投资拍摄了一部新动画片——《海尔兄弟》。《海尔兄弟》沿用了《琴岛与海尔》中的两个经典卡通形象,并赋予新的象征意义和故事情节。动画片讲述了一对由智慧老人所创造的海尔兄弟和他们的朋友为解决人类面临的灾难,为解开无尽的自然之谜而环游世界,最后又回到他们的诞生地太平洋的神奇历险故事。主人公海尔兄弟从太平洋出发,首先驶向北极,然后漂过波斯湾,飞越地中海,经过种种艰险磨难,穿过古代丝绸之路来到中国,环球一周又回到太平洋,途经五大洲、四大洋,近一百个国家。

《海尔兄弟》以地球上的几乎所有海洋水体作为广阔的背景,是一部经典的海洋动画。动画故事情节跌宕起伏,内容健康向上,融知识性、趣味性于一体。该片总长212集,是一部巨型动画片,由北京红叶电脑动画公司和海尔集团联合投资6 000余万元,历时十余年才制作完成。1996年上映后,好评如潮。《海尔兄弟》是中国动画史上科普类动画的巅峰经典之作。本片曾获得中国电视动画片最高奖项金鹰奖,以及中国儿童片最高奖项金童奖。伴随着动画片的播出,海尔兄弟的卡通形象走进了中国每一个家庭,同时也大大提升了海尔冰箱的销售量。

5.《哪吒传奇》——中国海洋动画产业开发的经典案例

《海尔兄弟》以后,包括海洋动画片在内的中国动画片界沉寂了很长时间,所出精品不多。因为当时不少国内动画企业都以外加工为主业。所以2003年“六一”国际儿童节当天,52集大型动画片《哪吒传奇》在中央电视台第一套节目播出后创下最高收视率4.77%的佳绩,[①]使《哪吒传奇》成为中国动画史上里程碑式的作品。《哪吒传奇》以海底龙宫传说和哪吒传说为基本材料,讲述了小英雄哪吒在磨难中成长的故事。该剧以哪吒闹海为中心情节和故事线索,是一部经典的海洋动画作品。根据该剧改编的同名图书《哪吒传奇》在2003年6月上市,短时期内,十册总销量就已经超过了400万本,总码洋超过4 000万。[②]《哪吒传奇》的成功不仅是动画片本身的成功,也是动画产业链的成功,为海洋动画产业开发树立了很好的榜样。

6.《海之传说——妈祖》——体现海洋文化精髓的经典动画

2007年上映的数字动画电影《海之传说——妈祖》是一部以海神妈祖信仰为基础材料而改编的海洋动画。该片由"台湾原创动画之父"邓有立策划、林世仁执导、知名音乐人姚谦担任音乐总监,耗资1 500万元人民币,总动画绘制张数达15万张,动员海峡两岸近200名动画创作艺术家耗时3年携手完成,面向全球发行了华语、闽南语与粤语、英语4种版本,片长90分钟。[③]《海之传说——妈祖》的制作水平达到了国际标准,且采用了三维特效制作海水,在当时是国内动画技术上的重大突破。作为经典动画电影,《海之传说——妈祖》的制作过程已被编写成教案和教材,由台北和上海两地的出版社同时推出了繁体版和简体版。

动画电影《海之传说——妈祖》从情节内容、创作团队到技术应用、市场推广等各方面都显示了海洋文化包容开放的精髓,它的上映,对进一步弘扬妈祖文化,传播海洋文化起到了积极的推动作用。

---

① 中国传媒大学动画与数字艺术学院,数字内容产业研究中心,《中国动画年鉴》编辑部. 中国动画年鉴2012. 中国传媒大学出版社,2013:444.

② 刘轶,张琰. 中国新时期动漫产业与动漫营销. 中国戏剧出版社,2005:125.

③ 以妈祖为题材的动画片《海之传说——妈祖》完成制作. 城乡导报,2007-06-06(16).

7.《小鲤鱼历险记》——以龙神信仰为基础的海洋动画

2007 年 6 月 1 日在央视少儿频道首播的 52 集大型动画电视连续剧《小鲤鱼历险记》也是一部以海洋传说为题材的海洋动画片。该片以中国民间流传的鲤鱼跳龙门的传说为基础材料改编而成。《埤雅·释鱼》曰："俗说鱼跃龙门，过而为龙，唯鲤或然。"清·李元《蠕范·物体》记录说："鲤……黄者每岁季春逆流登龙门山，天火自后烧其尾，则化为龙。"古代传说认为：黄河鲤鱼跳过了龙门就会化为龙。这是典型的龙神信仰传说。

《小鲤鱼历险记》在传说的基础上进行了大幅度改造，传说内容已经"面目全非"。影片讲述了这样的故事：美丽的鲤鱼湖遭受了癞皮蛇的祸害，小鲤鱼泡泡被迫游出家乡，寻找龙的力量。他先后结识了胆小的双面龟、傲气的阿酷、娇柔的小美美。泡泡和伙伴们历经了河湖、高山、大海的艰难征程，承受了种种诡谲的诱惑和考验，最终飞跃了龙门，战胜了邪恶。该剧由中央电视台耗资 4 000 万元制作完成，从剧情设计、动画特效到语言对白上都令人耳目一新，受到儿童观众的欢迎。[①] 该剧获得 2009 年度国产优秀动画片长篇一等奖和第 24 届中国电视金鹰奖最佳动画片奖。该剧还被译制成阿拉伯语版，在阿拉伯语频道播出。

8.《水漫金山》——影响力最大的海洋动画

2012 年 3 月，52 集大型动画连续剧《水漫金山》在央视少儿频道播出。《水漫金山》取材自家喻户晓的白蛇传传说。该传说于 2006 年被国务院公布为首批国家级非物质文化遗产名录，位列我国四大民间传说之首。"水漫金山"实际是对古代海潮内侵的灾害记录和曲折反映，是典型的海洋主题。以水漫金山为核心情节的白蛇传传说早已被 300 多个剧种、曲目及繁多的电影、电视剧

① 《小鲤鱼历险记》总导演张族权讲述制作幕后. 新华网，2007 - 08 - 24[2015 - 11 - 01]. http://www.bj.xinhuanet.com/bjpd_sdzx/2007 - 08/24/content_10956293.htm.

取材,也是邮票、剪纸、绘画等各种工艺美术作品中的常见题材,但还是首次被用于动画片。

《水漫金山》由镇江广播电视台、南京鸿宝公司等制作,总投资达到1 200万元。该剧播出以后反响很好,因此央视又在2012年7月暑期档作为国产优秀动画片重播。2012年4月,镇江台授权爱奇艺网播出,点击率、跟帖量超千万。目前,已有30多家省市电视台先后购买了国内播出版权。[①] 越南、新加坡、马来西亚、日本等国家也购买了海外播出版权。该剧还获得了第26届中国电视金鹰奖、2011—2012年度江苏省最具影响力的影视动漫十大新闻事件、中国电视艺术家协会卡通艺术委员会2011—2012年度"天下动漫风云榜"等大奖。

从上述内容来看,中国海洋动画取得了不俗的成绩,但同时也存在一些问题,主要是低幼倾向严重,阻碍了中国海洋动画产业的进一步发展。低幼儿童群体是中国最传统的动画受众。动画作品画面丰富、形象生动、充满想象、轻松娱乐,这些特点决定了它非常容易吸引低幼儿童的注意。因此在很长时间里,中国动画片一直被作为低幼教育的有效手段之一。而寓教于乐也成为中国动画片创作的重要宗旨。但是这种观众群体的定位和创作宗旨实际上限制了包括海洋动画在内的中国动画片的发展。海洋是人类共同的环境和资源,因此海洋题材的动画片最容易走出国门,得到国外观众的认可。海洋题材动画片在宣传中国传统文化、现实政策以及弘扬海洋文化方面具有不可替代的作用。但受低幼群体定位的影响,中国海洋题材动画片一直很少有如同美国动画那样受众群体广泛,适合全家一起观看的作品,这严重阻碍了中国海洋动画产业的发展。

---

① 陈炜.《水漫金山》的实践与大动漫观. 视听界,2013(1).

四、中国海洋纪录片

人类对神秘的海洋一直保持着执着探究的精神，以纪录片的形式呈现海洋世界的真实面貌是人类了解海洋的最好形式之一。从记录的内容角度可以将海洋纪录片大致分为三种：风光片、科普片以及专门题材纪录片。前两种不需要解释。第三种专门题材类海洋纪录片是指以某一海洋物种或涉海问题、涉海事件为记录线索的影片。世界上第一部海洋纪录片是诞生于1939年的黑白影片——《水下漫步》，片长16分钟，由奥地利人汉斯·哈斯利用密封的摄像机在水下拍摄。1954年在意大利公映的《第六大陆》是世界上第一部全彩水下纪录片，真正让人类见识到了丰富多彩的海底世界的魅力。中国纪录片诞生于20世纪50年代，走过了四个发展阶段：政治化纪录片时期、人文化纪录片时期、平民化纪录片时期和社会化纪录片时期。[①] 在60多年的发展过程中，海洋纪录片并不多见。拍摄于20世纪50年代的《祖国的海疆》是我国第一部海洋题材的纪录电影，由著名导演严寄洲执导。1954年，《祖国的海疆》摄制组成员走遍了丹东、旅顺口、大连、青岛、宁波、广州、厦门、三亚的所有海疆，包括舟山群岛、长山列岛等一些主要岛屿，全程一万多公里。《祖国的海疆》上映后，中国人第一次从银幕上完整地看到了祖国万里海疆的美丽风采。《祖国的海疆》以外，比较有影响的大概只有《话说长江》和《走向海洋》。

1.《话说长江》

20世纪80年代初，以江河为拍摄对象进行文化传播与弘扬的纪录片应运而生。《话说长江》就是其中的代表。《话说长江》是一部长达25集的关于长江沿岸地理及人文的大型历史文化电视纪录片，1983年8月7日在中央电视台首播，引起了热烈的反

---

① 参见何苏六在《中国电视纪录片史论》（中国传媒大学出版社，2005年版）中对中国纪录片四个历史时期的划分。

响,创下40%的收视率。[1]《话说长江》成为中央电视台20世纪80年代最受欢迎的纪录片,也是迄今为止收视率最高的一部纪录片。

《话说长江》在拍摄时记录真实环境、真实时间里发生的人和事,在结构上采取分章回的连续播出方式,在演播形式上使用了主持人直接讲解与电视画面相互配合的方法,这一系列的创新使《话说长江》在中国电视史上成为一部里程碑式的作品。长江发源于青海省唐古拉山各拉丹东雪山的姜根迪如冰川中,是中国和亚洲第一、世界第三大河流。长江完全在我国境内,流经青海、西藏、四川、云南、重庆、湖北、湖南、江西、安徽、江苏、上海11个省、自治区、直辖市,最后在上海境内汇入东海。所以《话说长江》实质上是一部涉海题材的纪录片。当然,海洋还没有能成为它的主要对象,这与那个时期中国人的海洋意识不强有关。

2.《走向海洋》

由国家海洋局和海军政治部联合主创的《走向海洋》于2011年播出。这是中国第一部大型海洋文化纪录片,全片共8集,每集45分钟。这8集的标题依次是:《海陆钩沉》《海上明月》《潮起潮落》《仓惶海防》《云帆初扬》《长风大浪》《走向大海》《经略海洋》。纪录片从秦始皇东巡开始一直记述到当下的现实问题,生动系统地总结了海洋在中华民族的发展史上所扮演的独特角色,从地理发现、文化心理、经济生存等角度,诠释了中华民族与海洋的关系。"向海而兴,背海而亡"是《走向海洋》的重要观点。

《走向海洋》较好地将全球意识与民族意识结合起来,一方面论述了和平利用海洋,为全人类造福的伟大意义;另一方面也阐释了我国必须有走向海洋的实力,才能成为真正意义上的世界海洋

---

① 朱羽君.历史记忆与现代感悟——从《话说长江》到《再说长江》.现代传播,2006(4).

强国。《走向海洋》诞生自国民海洋意识还比较淡漠的大背景下，很多人还没有意识到广阔的海洋面积对于未来中国的重要意义。因此该纪录片具有重要的启蒙作用，对于提升国民的海洋意识尤其是海权意识，帮助国民理解中华民族的海洋文明具有重要意义。

总的来说，目前中国海洋影视作品的数量不多，产业开发不足。产业开发方面的主要问题在于没有建立起完整的产业链，上下游开发不全面。产业开发大多数止步于上游的影视作品的播出，盈利则基本靠广告收入，下游衍生产品的开发被忽视。

第五章　中国海洋文学艺术及其产业开发

海洋文学艺术是指那些以海洋为活动平台,或以海洋为叙述对象,具有鲜明海洋特色和海洋意识,高扬海洋精神的文学艺术作品。海洋文学艺术作品的基本主题是对人类与海洋关系的叙述和阐释,包括惧怕海洋、赞颂海洋、搏击海洋、探索海洋、亲近海洋等多种内容。海洋也是一切生命的母体及文明孕育的摇篮,海洋文学艺术自人类早期就已产生,并伴随着人类对海洋认识的不断深化而发展着。[①]

中国海洋文学艺术是中国海洋文化的重要组成部分,具有实践的功能、认识的功能、审美的功能以及史料的功能。中国海洋文学艺术反映了海洋捕捞业、海盐业等相关产业的工具、方式、步骤、时间、气候等实践内容,既是实践的总结,又能将实践知识传播下去,从而有助于进一步实践,这是实践的功能;中国海洋文学艺术反映了中国民众的海洋观念及涉海思想,体现了其海洋精神,这是认识的功能;中国海洋文学艺术表情传意,表现了中国民众对海洋的审美观照与审美视野,展示了涉海审美观念和独特的审美风格,这是审美的功能;中国海洋文学艺术在一定程度上能起到证实文献记载的作用,也能校正文献记载的谬误,还能补充文献记载的缺佚,这是证史、正史、补史的史料功能。

中国海洋文学艺术是我国民众共同的宝贵遗产和精神财富。

---

① 毕旭玲.古代上海:海洋文学与海洋社会.上海社会科学院出版社,2014:6.

但海洋文学与海洋艺术具有从形式到内容等各种不同的特征，因此本章将分两部分进行叙述。

一、中国历代海洋文学及其产业开发

中国海洋文学历史悠久。早期海洋神话在原始社会就已经诞生。到了先秦时期，《诗经》与《楚辞》中都出现了不少涉海篇目。中国海洋文学式样非常丰富。既包括民间的谚语、歇后语故事，也包括文人书写的竹枝词、散文等作品。这些数量众多、式样丰富的海洋文学作品所反映的内容是极其广阔的。有些记述海洋自然资源，有些描摹神奇海景，有些转述海外见闻，有些呈现民众的海洋幻想，有些反映海洋生产生活民俗等。这些海洋文学作品传达了广大劳动人民，尤其是渔业劳动者和濒海居民在长期的生产生活实践当中积累的知识、经验、技术，表现了民间素朴的道德观念、美好的生活理想等内容。其中所体现出的勇于冒险、善于开拓的特点及海纳百川的气度正是海洋精神的精髓所在。[①]

中国海洋文学既是宝贵的文学资源，也是知识传承的工具和民众交流的工具，并寄托了民众美好的理想。同时，中国海洋文学以独特的方式和视角记录了社会生产生活的历史及地域变迁的历史，是民族志、地方志的一部分，对它的深刻认识与理解，有助于当今社会的文化经济等各方面的建设。但是近些年，随着城市化的发展，中国海洋文学尤其是其中的传统资源日渐衰落，许多体裁消失，众多篇目失传，处于一种濒危境地，亟待保护。[②]

（一）先秦时期中国海洋文学及其产业开发

1. 先秦海洋文学概述

先秦时期是我国海洋文学的萌芽期，虽然还没有出现相对独

① 毕旭玲. 古代上海：海洋文学与海洋社会. 上海社会科学院出版社，2014：17.

② 毕旭玲. 古代上海：海洋文学与海洋社会. 上海社会科学院出版社，2014：18.

立的海洋文学作品,但某些作品中已经蕴含了海洋审美的文化因子。先秦时期中国海洋文学的主要体裁是神话和歌谣。

我国现存最早的一部诗歌总集《诗经》中出现一些与海洋有关的词句,体现了当时民众对海洋的认识和审美,有部分内容还侧面反映了某些涉海实践活动。比如《小雅·沔水》中的"沔彼流水,朝宗于海",描述了百川归海的景象,反映了古人对自然现象的认知,体现了早期的海洋审美观照;《商颂·长发》中的"相土烈烈,海外有截",描写了契的孙子相土的海外活动,是对我国先民迁移的早期记录,具有重要的史料价值;《小雅·南有嘉鱼》《小雅·鱼丽》《齐风·敝笱》等篇目都描写了早期渔捕活动。

我国另一部诗歌总集——《楚辞》中的涉海篇目较《诗经》丰富。其内容主要包括三方面:第一,将对海景、海鸟、鱼类等海洋事物的描述与人类的感情联系起来,首次使海景成为传情达意的载体。如在《九思》中,多处用"浮石"、"蓬莱"等海上名山来显示高洁的志向和复杂的心态,而在《大招》中描写波涛汹涌无边无际的大海上阴雾弥漫的景象则实际上显示了诗人迷茫的心态:"东有大海,溺水浟浟只。螭龙并流,上下悠悠只。雾雨淫淫,白皓胶只。魂乎无东!汤谷寂寥只。魂乎无南!南有炎火千里,蝮蛇蜒只。"第二,反映了当时海陆观念以及民众对海洋奥秘的早期思索。"饮余马于咸池兮,总余辔乎扶桑","吾令羲和弭节兮,望崦嵫而勿迫"(《离骚》)等诗句反映了九州大陆位于中央,四周围以大海的海陆观念。太阳从东边升起,运行一天后降落西边,并在海中洗澡,周而复始。《天问》中的"伯强何处"是探问海神伯强的所在,"东流不溢,孰知其故"是对百川归海而大海不会满溢的思索,都反映了先民试图从理性上探索海洋奥秘的意识。第三,《楚辞》记录了大量的海洋神话。如《远游》中写海神海若,《天问》中写海神伯强,《悲回风》中写潮神伍子胥,《哀郢》中写波涛神阳侯,《伤时》中写隐居海中蓬莱名山的仙人安期生以及海中仙山浮石山。

更多的海洋神话传说被记录在《山海经》中，而且主要集中在《海外经》《海内经》《大荒经》诸篇中。这些海洋神话传说可以分为海神传说与涉海传说两大类。前者如四海海神传说："东海之渚中，有神，人面鸟身，珥两黄蛇，践两黄蛇，名曰禺虢。黄帝生禺虢，禺虢生禺京，禺京处北海，禺虢处东海，是为海神。"（《大荒东经》）后者的内容就相当丰富了。其中有关于海的神话，比如将大海认为是日出之地，即"汤谷"，"汤谷上有扶桑，十日所浴，在黑齿北，居水中。有大木，九日居下枝，一日居上枝"。（《海外东经》）还有海外奇闻异事的传说，比如海外有"大人之国"、"大人之市"，"大人国在其北，为人大，坐而削船"。（《海外东经》）"大人之市在海中。"（《海内北经》）还有关于人与海洋关系的神话传说，如夸父逐日、精卫填海、羲和生日、鲧禹治水等。其中，"精卫填海"和"应龙画地"传说直接反映了先民对海陆知识的认知。精卫鸟是炎帝的小女儿精魂所化。炎帝之女曾东游大海而溺于其中，其精魂化为鸟。此鸟发出"精卫"的叫声，经常口衔西山上的树枝和石块填塞东海。精卫填海的神话其实是一种海陆变迁思想的曲折反映。沧海变为桑田在人类进化的长河中时有发生，所以在目睹海鸟衔草木筑巢或捉鱼捕蛤的过程中，先民将其与海陆变迁联系起来，将其解释为填海的努力。应龙是大禹治水的好帮手。他走在大禹的前面，用尾巴在地上拖划，在应龙尾巴指引的地方，大禹就开凿河道，河流顺着这些水道，一直流向东方的大海。"应龙画地"神话一方面反映了上古先民疏浚洪水入海的治水经历，另一方面也反映了早在原始社会时期，民众就有画出山川河流位置的尝试。此外，《庄子》《左传》《禹贡》《列子》等著作中也有许多涉海神话传说。如庄子《山木篇》中市南子对鲁侯说"南越有邑焉"，那里有大海"望之而不见其涯，愈往愈不知其所穷"，于是劝他"涉于江而浮于海"一游；庄子的《逍遥游》则称海外有神人；又如列子的《汤问》对海中无底之谷和海上仙山有夸张的描绘。

总的来说,先秦时期虽然还未出现独立的海洋文学作品,但相关的神话传说与歌谣却真实反映了当时的海洋意识和海洋观念,并展示了中国海洋文学精美的涉海审美表现和独特的审美风格。

2. 对先秦海洋文学的产业开发

先秦时期海洋文学作品中被较多进行产业开发的是其中的海洋神话传说。例如《大·海》就对"鲲鹏之变"神话进行了很好的产业开发。

"鲲鹏之变"是中国的古老神话,内容是讲一种名字叫做"鲲"的鱼化为一种叫做"鹏"的鸟。这个神话比较完整地记录在成书于战国时代的《庄子》中。《庄子·逍遥游》开篇就说:"北冥有鱼,其名为鲲。鲲之大,不知其几千里也。化而为鸟,其名为鹏。鹏之背,不知其几千里也。怒而飞,其翼若垂天之云。是鸟也,海运则将徙于南冥。南冥者,天池也。"北方大海里巨大的鲲鱼可以变化为巨大的鹏鸟。鹏鸟随着海上汹涌的波涛迁徙到南方的大海。"鲲鹏之变"不是庄子的创作,在早于《庄子》的《列子》中就有对于巨鱼和巨鸟的记录。《列子·汤问》记录说:"终北之北,有溟海者,天池也,有鱼焉,其广数千里,其长称焉,其名为鲲。有鸟焉其名为鹏,翼若垂天之云,其体称焉。"又说:"世岂知有此物哉?大禹行而见之,伯益知而名之,夷坚闻而志之。"也就是说,"鲲鹏之变"的神话是大禹时代早就产生了的。

《大·海》故事的创意就来自"鲲鹏之变"的神话。《大·海》又名《大鱼·海棠》,讲述了这样一个故事:居住在"神之围楼"里的一个名叫椿的女孩,在16岁生日那天变作一只海豚到人间巡礼。椿被大海中的渔网困住时,一个人类男孩因为救她而落入深海死去。为了报恩,椿将男孩的灵魂——一条小鱼带回了神的世界,并秘密饲养。直到有一天,它成长为江河也不能容下的鲲并回归大海,男孩终于获得重生。但这一过程却因不断地违背神界的规律而引发了种种灾难。

彼岸天公司早在2004年就创作出了《大·海》的flash版本，此作品曾获2004年度中国数字盛典动画大奖、第四届北京电影学院学院奖最佳新人导演奖等。不同于以往对神话故事进行少许改编而直接采用的方式，《大·海》虽以中国传统海洋神话为基础，却进行了颠覆性的、创造性的改编，建构了一个与人类世界平行的世界。这个世界里生活着一个为神工作的群体。他们掌管着人类世界的万事万物，也高高在上地俯视人类，认为人类是低等的不守规矩的生物，因此每一位成员都严格遵守不能与人类产生纠葛的守则。故事就在这样的背景下展开。因为这种独特的构思，《大·海》受到了来自业界和观众的热烈欢迎，所以彼岸天公司将flash版的《大·海》改编为影院剧场动画。该电影还未上映就获得了不少奖项，并且引发了广泛的关注。这是一个非常成功的对海洋神话产业化开发的案例。

（二）秦汉魏晋南北朝时期中国海洋文学及其产业开发

1. 秦汉魏晋南北朝海洋文学概述

秦汉时期，中国的国土面积扩大，东南沿海地区被纳入了统一的中国版图。国土面积的扩大，涉海人口的增多，涉海生产生活事件也逐渐增多，中国海洋文化逐渐丰富繁荣起来。因此，秦汉以后中国海洋文学有了长足发展，出现了独立的海洋文学作品，且数量逐渐增多，多有上乘之作。这些作品无论是艺术表现形式，还是艺术表现能力都比先秦时期有了大幅度提升，其成就主要表现在如下几方面：

第一，涉海人物史迹及涉海事件记入历史文献，形成了早期海洋纪实文学，涉海神话传说成为古史的一部分。《史记》对帝王世系的追溯，采用了很多涉海的神话传说作为材料。比如《史记》中说夏朝时有两条龙降临宫殿，流下了许多唾液，装在一个匣子里，一直传到周朝，到厉王时打开，唾沫流了满地变成一个大鼋。周厉王让宫女们脱光衣服羞辱大鼋，大鼋被羞得跑入后宫，一个未成年的小宫女踩了它的脚印,就怀孕了。一直怀了好多年,到宣王时才生下个女孩,就是褒姒。齐、燕诸王对海洋经营和秦始皇、汉武帝等东巡至海,海上求仙活动等成为重要的历史材料。《史记》之外,东汉班固的《汉书》、三国朱应的《扶南异物志》、吴国丹阳太守的《临海水土志》等史传、方志和游记对涉海行为的记录都算是早期海洋纪实文学。

第二,神仙家、博物家、小说家、道家、佛家以及道教、佛教等作品共同塑造了一个光怪陆离的奇幻海洋世界,完善了中国海洋神话传说体系。其代表作如《神异经》《洞冥记》《十洲记》《列仙传》《神仙传》《列异传》《博物志》《拾遗记》等。比如《十洲记》借王母、东方朔之口,塑造了海上神仙世界:"汉武帝既闻西王母说八方巨海之中有祖洲、瀛洲、玄洲、炎洲、长洲、元洲、流洲、生洲、凤麟洲、聚窟洲。有此十洲,乃人迹所稀绝处。"它以先秦的海中三神山之说和西汉的"十洲三岛"之说为基础,勾勒了一个系统的海上神仙世界,为后世的海上仙山传说奠定了信仰基础。三岛之说见于《汉书·郊祀志上》,曰:"自威、宣、燕昭使人入海求蓬莱、方丈、瀛洲,此三神山者,其传在勃海中。"

第三,大量海洋诗歌文赋作品诞生。此时期海洋文学中最引人注目的是以海洋为主题的辞赋诗歌作品的相继问世。东汉班彪的《览海赋》是我国第一篇海赋:

> 余有事于淮浦,览沧海之茫茫。悟仲尼之乘桴,聊从容而遂行。驰鸿濑以缥骛,翼飞风而回翔。顾百川之分流,焕烂漫以成章。风波薄其裔裔,邈浩浩以汤汤。指日月以为表,索方瀛与壶梁。曜金璆以为阙,次玉石而为堂。蓂芝列于阶路,涌醴渐于中唐。朱紫彩烂,明珠夜光。松乔坐于东序,王母处于西箱。命韩众与岐伯,讲神篇而校灵章。愿结旅而自托,因离世而高游。骋飞龙之骖驾,历八极而回周。遂竦节而响应,忽

轻举以神浮。遵霓雾之掩荡,登云涂以凌厉。乘虚风而体景,超太清以增逝。麾天阍以启路,辟阊阖而望余。通王谒于紫宫,拜太一而受符。

此赋为作者观海有感而作,由实境至幻境,想象瑰丽,在不动声色中抒情言志。王粲的《游海赋》、曹丕的《沧海赋》、木华的《海赋》、潘岳的《沧海赋》和曹毗的《观涛赋》等也都是上乘作品。优秀的海洋诗歌作品也层出不穷,曹操的《观沧海》、曹植的《远游篇》、谢朓的《和刘西曹望海台》、谢灵运的《游赤石进帆海》等都是佳作。以《观沧海》为例:

东临碣石,以观沧海。水何澹澹,山岛竦峙。树木丛生,百草丰茂。秋风萧瑟,洪波涌起。日月之行,若出其中。星汉灿烂,若出其里。幸甚至哉,歌以咏志。

全诗通过描绘碣石山下深秋独有的海景,自然而巧妙地抒发了作者对于当时的种种忧虑,诸如动荡的社会、艰难的生计、不定的人心,并暗含着他要削平割据、稳定时局、建功立业、统一天下的壮志雄心。豪迈的情感与壮阔的海景水乳交融地结合在一起。

2. 对秦汉魏晋南北朝海洋文学进行的产业开发

秦汉魏晋南北朝时期是海洋文学逐渐繁荣的时期,对这一时期海洋文学的产业开发,目前主要围绕涉海人物史迹及涉海事件展开,比如以秦始皇东巡大海和汉武帝东巡大海为表现内容的电影电视剧。

徐福东渡传说也是被广泛进行开发的题材。徐福东渡传说最早记录在《史记·秦始皇本纪》《史记·淮南衡山列传》《汉书·伍被传》等史料中。秦始皇二十八年(公元前219年),秦始皇第二次出巡。在泰山封禅刻石之后,他向渤海进发,登上了芝罘半岛。芝罘半岛高出海面300多米。站在芝罘半岛上,登高望去,虚无缥缈。海市蜃楼的奇观,激发了秦始皇的求仙之心。为了迎合秦始皇长生的奢求,齐人徐福等给秦始皇上书,宣称海中有蓬莱、方丈和瀛洲三座仙山,三神山上有长生不老药,请求秦始皇派童男女和他一起去求仙人仙药。秦始皇接受了他的建议,派数千男女乘船出航。几年过去了,徐福花费了许多费用,却没有得到神药。秦始皇三十七年(公元前210年),秦始皇第五次巡幸琅琊时,又询问起徐福为他求长生不老药的事,徐福害怕受到处罚,便编造谎言说由于受到海中大鲛的阻挠无法接近蓬莱山,一定要派技艺高超的射手去才能克服这些困难。秦始皇感到很奇怪,因为徐福的请求正与他夜里的梦境相吻合,随即选择善射者伴着御舟,亲往射鱼。到达芝罘时,果然见到了大鲛鱼。秦始皇亲自同弓弩手用连弩射死了一条大鲛鱼,后命徐福再次入海求仙药。这次徐福率童男女3 000人,装载五谷种子、技艺百工下海。

大约在宋代以后,徐福东渡日本的传说开始在中日两国间流传。日本甚至有关于登陆地点在纪伊熊野浦的具体考定,以及所谓徐福墓和徐福祠的出现。[①] 2008年徐福东渡传说被列入第二批国家级非物质文化遗产名录。目前,对徐福东渡传说的产业开发大概包括如下几个方面:影视剧方面有电视连续剧《徐福东渡传奇》、纪录片《徐福东渡》(中央电视台新影集团摄制,目前正在拍摄中);文学方面有《徐福东渡传奇》(王海燕等);旅游景点方面有"中国徐福文化园"(慈溪达蓬山)、"徐福东渡起航处"(青岛琅琊镇琅琊台);海洋节庆方面有岱山举办的"中国徐福东渡国际文化节"、烟台举办的"徐福故里国际文化节"、慈溪市举办的"达蓬山徐福养生文化旅游节"等。

---

① 中国国家博物馆. 文物秦汉史. 中华书局,2009:234.

中国徐福文化园是目前开发较为成功的旅游景区。中国徐福文化园位于达蓬山上，是以徐福文化和秦文化为核心，以福寿文化为特色的人文遗迹与自然景色相结合的文化旅游景区。为全面展示徐福东渡的历史，徐福文化园重建了秦渡庵、徐福祠、求仙亭等历史遗迹，整修了徐福东渡摩崖石刻、炼丹洞、小休洞，新建了祈福阁、秦皇别苑、徐福像、童男童女群雕等人文景观。其中徐福东渡摩崖石刻是迄今为止唯一反映徐福东渡场景的历史遗留证明，具有很高的历史文化价值。

（三）唐宋时期中国海洋文学及其产业开发

1. 唐宋海洋文学概述

唐宋时期，随着中国日益发达的海洋活动的开展，涉海人口的继续增多，中国海洋文学已初现繁荣景象。此时期的海洋文学较为全面地反映了国人的海洋意识和多种涉海经历，海洋文学题材丰富，海洋诗词的发展尤其引人瞩目。一批著名文学家积极参与海洋文学创作，诞生了大量海洋文学名篇。比如王维的《送秘书晁监还日本国》将浩淼大海与对日本友人的深厚友情融合，体现了高尚的思想艺术境界；孟浩然的《岁暮海上作》和《早寒有怀》等反映了他对大海所怀有的深厚感情；苏轼的《八月十五日看潮五绝》依次写了夜潮、大潮、问潮、弄潮和射潮，各有寓意又珠联璧合；陆游的《泛三江海浦》《航海》，柳永的《煮海歌》等都是海洋文学作品的名篇。同时，传世的咏海诗句也大量涌现。比如李白《行路难》中的“长风破浪会有时，直挂云帆济沧海”。又如张若虚《春江花月夜》中的“春江潮水连海平，海上明月共潮生”。总的来说，唐宋时期海洋文学的主要表现有如下三点：

第一，唐诗的涉海主题意象集中。海洋意象入诗的现象在唐诗中很普遍，而且集中在某些海洋意象中，反映了当时的海洋意识和观念。

在唐诗中，海洋意象特出一般尘世生活意象，诗人以海洋意象入诗大都是为了抒情，或抒发壮志豪情，或表达离世之意，或排解积郁不快。“海鸥”是一个经常出现在唐诗中的海洋意象。如：“不然拂衣去，归从海上鸥”（陈子昂《答洛阳主人》）；“不及能鸣雁，徒思海上鸥”（陈子昂《宿襄河驿浦》）；“赖有杯中物，还同海上鸥”（杜甫《巴西驿亭观江涨呈窦使君二首》）；“忘怀不使海鸥疑，水映桃花酒满卮”（羊士谔《野望二首》）；“举翮笼中鸟，知心海上鸥”（贾岛《岐下送友人归襄阳》）等。这些诗句中的“海鸥”代表了自逸闲适的心情，或归隐遁逸的想法，与积极入世的观念有悖，或许是因为滨海之地离文化发达的内陆很遥远，在民众的意识中是脱离世俗生活的悠闲之地，抑或是因为海上仙山等神话传说的影响，使民众对海上生活产生向往。

“沧海桑田”的意象在唐诗中同样出现很多，如：“洪涛经变野，翠岛屡成桑”（李世民《春日望海》）；“井田惟有草，海水变为桑”（吴少微《过汉故城》）；“节物风光不相待，桑田碧海须臾改”（卢照邻《长安古意》）；“浮云今可驾，沧海自成尘”（王勃《出境游山二首》）；“少年安得长少年，海波尚变为桑田”（李贺《嘲少年》）；“深谷变为岸，桑田成海水”（白居易《读史五首》其三）等。“沧海桑田”意象的出现代表了海陆变迁的观念已经深入人心，并由此生发出世事变化无常的感慨。

受海上仙山等早期海洋神话传说的影响，“蓬莱”、“海上山”等意象也时常出现在唐诗中，如：“已住城中寺，难归海上山”（许棠《赠栖白上人》）；“蓬莱织女回云车，指点虚无是征路”（杜甫《送孔巢父谢病归游江东兼呈李白》）；“蓬莱如可到，衰白问群仙”（杜甫《游子》）；“蓬莱有梯不可蹑，向海回头泪盈睫”（李端《杂歌呈郑锡司空文明》）；“为问蓬莱近消息，海波平静好东游”（鲍溶《得储道士书》）；“蓬莱顶上斡海水，水尽到底看海空”（杜牧《池州送孟迟先辈》）；“今来海上升高望，不到蓬莱不是仙”（杜牧《偶题》)等。

第二,反映普通民众的涉海生活的作品多。唐宋时期的涉海人群大大增加,中国与海外交往频繁,因此描写民众涉海生活的作品也渐渐多起来。

其中有不少诗作反映了诗人的航海经历,如孟浩然的《岁暮海上作》、张说的《入海二首》、苏轼的《六月二十日夜渡海》、陆游的《航海》等等。陆游的五言古诗《航海》以豪放的情怀展开浪漫的想象:

> 我不如列子,神游御天风。尚应似安石,悠然云海中。卧看十幅蒲,弯弯若张弓。潮来涌银山,忽复磨青铜。饥鹘掠船舷,大鱼舞虚空。流落何足道,豪气荡肺胸。歌罢海动色,诗成天改容。行矣跨鹏背,弭节蓬莱宫。

诗人描述了一幅生动的海景:大海涌起波涛时如同矗立起高高的银山,风平浪静的时候,大海又仿佛是一块巨大晶莹的青铜宝镜,天上觅食的海鸟扇动翅膀飞快地掠过船舷,海里潜游的鲸鱼跃出海面好似要在半空中起舞。在这种波澜壮阔的海景激发下,诗人想要跨坐在扶摇直上九万里的鲲鹏的脊背上,到传说中的海上神山蓬莱宫,优游自在。

唐代海洋贸易繁荣,不少唐诗都记录了海洋商贸活动及海商群体的活动。如李白的五言古诗《估客行》塑造了一个行踪如云中之鸟,飘忽不定的海商形象;黄滔的《贾客》表达了对海商的担忧:虽然航海贸易活动获利丰厚,但风险也很大,不小心就会葬身鱼腹;柳宗元的《招海贾文》讥讽海商贪婪成性,以命搏财的风气,反映了当时航海贸易已经相当普遍;杨万里的《过金沙洋望小海》写于诗人在广东常平茶盐公事任上。诗人看到满眼都是海商的船只,反映了当时海上贸易的繁荣。

宋代应熙有一篇咏颂海港的《青龙赋》，对青龙港[1]贸易繁忙之景进行了详尽的描述：

青　龙　赋[2]

粤[3]有巨镇，其名青龙。控江而淮浙辐辏，连海而闽楚交通。平分昆岫[4]之蟾光，夜猿啼古木；占得华亭之秀色，晓鹤唳清风，咫尺天光，依稀日域。市廛杂夷夏之人，宝货富东南之物。讴歌嘹亮，开颜而莫尽欢欣；阛阓繁华，触目而无穷春色。宝塔悬螭，亭台驾霓。台殿光如蓬府，园林宛若桃溪。俪梵宫于南北，丽琳宇于东西。绮罗簇三岛，神仙香车争逐；冠盖盛五陵，才子玉勒频嘶。杏脸舒霞，柳腰舞翠。龙舟极海内之盛，佛阁为天下之雄。腾蛟踞虎，岳祠显七十二司之灵神；阙里观书，镇学列三千余名之学士。其名龙江楼、四宜楼，随寓目以得景；胜果寺、圆通寺，遗俗虑以忘忧。传王叟之升仙，土台犹在；著沈光之显迹，石刻堪求。至若亭纳薰风，轩留皓月，千株桂子欺龙麝，万树梅花傲雪霜。观汹涌江潮之势，浪若倾山；寻芳菲野景之奇，花如泼血。风帆乍泊，酒旆频招。醉豪商于紫陌，殢美女于红绡。凝眸绿野桥边，几多风景；回首西江市上，无限逍遥。奇哉圣母池，异矣观音庵。曾闻二圣之感应，曾卫高皇之危急。猗欤美哉！惟此人杰而地灵，诚非

---

① 上海地区最早的海港形成于唐代。在唐代开元十三年至天宝元年，今青浦东北的吴淞江与青龙江交汇处逐渐形成了中日商船来往的港口——青龙港。天宝五年，青龙港设镇。青龙港镇作为苏州的通海门户和上海地区最早的河口海港已正式形成。皮日休诗云："全吴临巨溟，百里到沪渎。海物竞骈罗，水怪争渗漉"，描述的就是青龙地方渔事兴旺、水产丰富的景象。到了北宋，青龙镇港海上贸易已经具有一定的规模，与日本、新罗、越南、伊朗等国都有贸易往来。

② 该文见《嘉庆松江府志》卷二《镇市》"青龙镇"条。

③ 粤：古通"越"，旧志记载，青浦"春秋时属吴，后属越"。

④ 昆岫指昆山。

他方之可及。

北宋，青龙镇港海上贸易已经具有一定的规模，与日本、新罗、越南、伊朗等国都有贸易往来。青龙镇控制着吴淞江的咽喉，紧连着东海而与沿海福建等地通商往来。镇上寺塔高耸，亭台相望，境内物产丰富，贸易繁忙。由于紧连东海而江潮汹涌，景象壮阔。

第三，海洋叙事文学作品增多，志怪类笔记小说作品渐多。如唐代段成式的《酉阳杂俎》中的《长须国》，记录了海外异闻：士人某随新罗使被风吹至一处，见此处人皆长须，女人也不例外。士人某与该国公主成婚，但每见公主有须，辄不悦，后在龙王那里得知，此长须国原是虾精所聚之地。唐代戴孚《广异记》中的《径寸珠》《宝珠》，宋代聂田《祖异志》中的《人鱼》、秦再思的《洛中纪异》、周密《癸辛杂识》中的《顶日者》和《妇人海鬼》、洪迈《夷坚志》中的《海山异竹》等都是类似的作品。宋代徐兢的《宣和奉使高丽图经》作为海洋散文，具体记录了航海工具和航海经历等。

第四，新兴文体"词"被用来表现涉海生活，尤其在宋代更为常见。"渔家傲"、"渔父乐"、"望海潮"、"水龙吟"、"渔父家风"等不少词牌的形成可能与海洋文化有密切联系。当时文人对海洋生产生活普遍具有浓厚的兴趣。朱敦儒的《好事近·渔父词》说："拨转钓鱼船，江海尽为吾宅。恰向洞庭沽酒，却钱塘横笛。醉颜禁冷更添红，潮落下前碛。经过子陵滩畔，得梅花消息。"词人希望自己能如沽酒醉钓的渔父那般闲适自在。李清照的《渔家傲》是一首苍凉豪迈之作，以海入词，海事、海心尽显其中：

天结云涛连晓雾，星河欲转千帆舞。仿佛梦魂归帝所，闻天语，殷勤问我归何处。我报路长嗟日暮，学诗谩有惊人句。九万里风鹏正举，风休住，蓬舟吹取三山去。

2. 对唐宋海洋文学的产业开发

大约是因为唐宋时期文学特别繁荣发达，遮蔽了其中的海洋文学成就，所以对唐宋时期海洋文学的产业开发比起对其他时期海洋文学的开发来显得逊色一些，对海洋叙事文学方面的开发较为集中。香港 TVB2012 巡礼剧——《酉阳杂俎》是对唐代涉海题材的笔记小说的改编。

《酉阳杂俎》是唐代后期一部笔记小说集，共 30 卷，约成书于 9 世纪中叶，作者为段成式。清《四库全书总目》称“其书多诡怪不经之谈，荒渺无稽之物，而遗文秘籍，亦往往错出其中。故论者虽病其浮夸，而不能不相征引。自唐以来，推为小说之翘楚，莫或废也”。《酉阳杂俎》内容广博，将志怪、传奇、杂录、琐闻、考证诸体汇为一编，仿张华《博物志》的体例而加以变化、扩充。但最吸引人的还是它所记述的种种神奇传说故事。《长须国》等篇目记录了很多海洋神怪传说，如龙王、虾精等。香港 TVB 以《酉阳杂俎》所记传奇故事为基础进行改编，出品了同名电视剧。电视剧以人妖之恋为线索，展现了唐代民俗风情，塑造了一个奇幻迷离的神怪世界。

唐宋文学中龙王、龙宫、龙女、龙太子以及虾兵蟹将等形象已经非常丰满，相关的传说故事也已经很多。比如《广异记》中的《宝珠》就讲述了海底群龙化为人上岸赎珠的故事，故事中还出现了“洁白端丽”的龙女形象。《酉阳杂俎》之《长须国》不仅出现了海底龙宫、龙王，还出现了虾精所组成的王国。故事讲述武则天时期的书生在海上航行时被风吹到了长须国。那里无论男女都有长须。书生在那里娶公主为妻，并生下了孩子。有一天国王说长须国要遭灾，请他去向海龙王求救。书生来到龙宫拜见龙王将来意讲明，龙王告诉他是被虾精所迷。读书人见到了几十口盛满虾的大锅，这些虾马上就是龙王的菜肴了。书生悲哭起来，龙王便下令放掉了盛着他的虾妻、虾子的那一锅虾，并命令手下将其送回中原。这些都为当代开发海洋神话传说奠定了基础。我们在各种影视剧中所见到的富丽堂皇的海底龙宫、多情的龙女等形象都可以视作对唐代海洋文学的开发。

（四）元明清时期中国海洋文学及其产业开发

1. 元明清海洋文学概述

元明清时期，随着海洋活动的进一步发展，参与海洋文学创作的人群迅速增加，而且渐趋民间化。此时期的海洋文学的突出成就主要体现在海洋叙事文学的发展上，如海洋小说、戏曲与杂记等，出现了不少优秀的海洋文学作品，如李好古的《张生煮海》，李渔的《蜃中楼》，蒲松龄《聊斋志异》中的《白秋练》《罗刹海市》等。明万历间罗懋登创作的长篇小说《三宝太监西洋记通俗演义》以其知识性和史料价值的丰富性在此时期海洋文学中也占有一席之地。集中汇录在各地方志中的大量涉海诗文与杂记等，构成了这一时期海洋文学的主要内容，对沿海各区域历史文化底蕴的提升和文化旅游资源的开发具有不可替代的独特价值。此时期海洋文学具有如下特点：

第一，大量反映中外交流的海洋文学作品诞生。散文方面比如周达观的《真腊风土记》、汪大渊的《岛夷志略》、马欢的《瀛涯胜览》、费信的《星槎胜览》；诗歌方面比如元张翥的《四明寓居即事》、明罗颀的《送下洋客》。成就最高的是明清海洋小说，如吴承恩的《西游记》将海洋作为人物活动背景之一，罗懋登的《三宝太监西洋记通俗演义》讲述航海故事和航海见闻，冯梦龙的《三言》和凌蒙初的《二拍》中的海洋小说反映了当时中国民众的航海活动、海洋贸易及百姓的涉海生活等，蒲松龄《聊斋志异》中的《海公子》《罗刹海市》《仙人岛》《粉蝶》等写神奇的海洋故事、人物和景物，王韬的《淞滨琐话》讲述遇风暴漂流到海岛后的故事等。

第二，反映民间海洋生产生活的文学作品明显增多。比如元舒岳祥的《海上口占》描述了渔民夜间捕鱼的生产场面；明彭孙贻的《海上竹枝词》描写海边清晨的渔市："葫芦山月长珠胎，海市未开渔市开。残星满天细犬吠,黄鱼船上贩鲜回。”元黄溍的《初至宁海二首》写了元代海盐生产场面:“煮海盐烟黑,淘沙铁气腥。”明解缙的《望海》描写明代海盐生产场景:“沙碛煮盐凝浩月,潮痕遗贝丽繁星。”清郑燮的《渔家》写渔民的贫苦生活:“卖得鲜鱼百二钱,籴粮炊饭放归船。拔来湿苇烧难着,晒在垂杨古岸边。”

第三,新兴题材杂剧和曲用以表现涉海生活。元代最著名的海洋杂剧是李好古的《张生煮海》。该剧以海洋民间传说作为蓝本改编而成,写了书生张羽和龙女琼莲的爱情故事,其中涉及东海龙王、龙女及架锅煮海等海洋文化因素。剧中写:潮州儒生张羽寓居石佛寺。有一次月夜抚琴,招来东海龙王三女琼莲。两人互生爱慕之情,约定中秋之夜相会。至期,因龙王阻挠,琼莲无法赴约。张羽便用仙姑所赠宝物银锅煮海水,大海翻腾,龙王不得已将张羽召至龙宫,与琼莲婚配。与《张生煮海》并列为元代神话爱情剧双璧的《柳毅传书》也是海洋杂剧。《柳毅传书》取材于唐代李朝威的传奇小说《柳毅传》,内容写书生柳毅救龙女并与之结为夫妻之事。其中的主要人物除柳毅之外,几乎都是海神。剧中写:秀才柳毅进京赴试,途经泾河岸边,见一牧羊女掩面痛哭,询其故,方知其为洞庭龙女三娘,受夫婿泾河恶龙所辱,被贬于此。柳毅闻言不平,乃仗义传书洞庭,三娘因而得救。三娘之叔钱塘君欲为侄女招赘柳毅为婿,柳以人神有别坚拒。最后,三娘化作凡女与柳毅成就姻缘。清代戏剧家李渔的《蜃中楼》也写龙女与凡人的爱情故事,是在《张生煮海》与《柳毅传书》的基础上进行的改编。而元杂剧《争玉板八仙过苍海》讲述八仙过苍海大闹龙宫的故事,也是一出海洋杂剧。

第四,起于巴蜀民歌的新诗体竹枝词也大量用于反映涉海生产生活。竹枝词由古代巴蜀民歌演变而成,起源于唐代诗人刘禹锡的仿作。早期竹枝词多写离愁别绪和男女之情,后变为记述地方风土人情的乡土纪事诗,内容广泛,从陆域到海洋,涉及史地、经济、文化、博物、考古等诸多方面，风格清新刚健，富有民歌特色。从形式上看，竹枝词大多为七言绝句，有单调和双调两种体式，分别为十四个字和二十八个字。有不少竹枝词反映了海潮、台风等海洋气象，民众对海洋的认识以及海神崇拜等相关海洋内容，试举几例反映海潮和台风内容的上海竹枝词如下：

十八潮头最壮观，观潮第一浦江滩。
银涛万叠如山涌，两岸花飞卷雪湍。①

（清　秦荣光）

云鬟巧绾桂花球，窄袖轻衫正及秋。
爱煞青龙江水阔，青油画舫看潮头。②

（清　黄　霆）

农历八月十八被民间称为“潮头生日”，这一日海潮潮水最大。以上两首竹枝词就描绘了八月十八潮头生日当天，民众聚集浦口，搭台唱戏，同观海潮的盛大景况。壮丽的海潮能给民众以美的享受，同样也能吞噬生命，造成严重的自然灾害。尤其当台风、暴雨、海潮同时袭来，上海民众将承受巨大的损失。③

海滨八九月灾起，混沌乾坤搅一宵。
白露看花秋看稻，惊心大雨大风潮。④

（清　倪绳中）

以上这首竹枝词说，在八九月之间的夜里，往往会刮起东北飓

① 张春华等. 沪城岁事衢歌 上海县竹枝词 淞南乐府. 上海古籍出版社，1989：47.
② 顾炳权. 上海历代竹枝词. 上海书店出版社，2001：18.
③ 毕旭玲. 古代上海：海洋文学与海洋社会. 上海社会科学院出版社，2014：33－34.
④ 顾炳权. 上海历代竹枝词. 上海书店出版社，2001：350.

风,并伴随着大雨,这样的现象被称为“风潮”,民众俗称“小混沌”。即使有内外捍海塘、王公塘、李公塘等防范,但沿海居民的损失依然非常巨大。在清代雍正和光绪年间,发生两次损失惨重的大风潮,有竹枝词对其进行了记录:

传闻父老最消魂,雍正年间大海潮。
一夜飓风雷样吼,生灵十万作凫飘。①
(清　祝悦霖)
光绪还当卅一年,飓风八月势滔天。
李公塘筑七十里,三万六千千费钱。②
(清　倪绳中)

以上两首竹枝词分别描绘了雍正十一年七月十六和光绪三十一年八月初三台风、海潮同时侵袭上海的惨况。其中,光绪三十一年的一次台风和海潮为六十年中最大,巨潮越过王公塘而向西涌去,平地尽成泽国。当时的南市、租界等地水深数尺,物资损失巨大,而浦东高桥等地则屋舍无存,浮尸满江。雍正年间的海潮过后,修筑了钦公塘。光绪年间的海潮过后,修筑了李公塘,都是坚实的海潮防堤。③

此外,大量抗倭主题的文学作品在明清时期涌现,如俞大猷的《舟师》,戚继光的《普宁寺度岁》,葛云飞的《宝刀歌》等。散文如王慎中的《海上平寇记》等。

2. 对元明清海洋文学的产业开发

元明清时期海洋文学数量众多,内容丰富,以杂剧和曲等形式

① 顾炳权. 上海历代竹枝词. 上海书店出版社,2001：472.
② 顾炳权. 上海历代竹枝词. 上海书店出版社,2001：311.
③ 毕旭玲. 古代上海：海洋文学与海洋社会. 上海社会科学院出版社,2014：34－35.

表现涉海生活的叙事类作品特别受到产业开发的青睐。《柳毅传书》《争玉板八仙过苍海》等都被当代戏曲、影视等产业进行了开发。

1958 年香港上映了根据《柳毅传书》改编的同名戏曲电影。1962 年,同名越剧再次被长春电影制片厂拍成戏曲电影在大陆上映。1984 年,该题材被改编为同名舞台剧,在香港演出 25 场,场场爆满,好评如潮。此舞台剧后在美国、加拿大进行过演出,同样受到欢迎。柳毅传书的传说于 2011 年被批准为第三批国家级非物质文化遗产项目。

元杂剧《争玉板八仙过苍海》是最早讲述八仙传说的作品。白云仙长于蓬莱仙岛牡丹盛开时邀请八仙及五圣共襄盛举。回程时铁拐李(或吕洞宾)建议不搭船而各自想办法,就是后来民间谚语"八仙过海、各显神通"的起源。八仙过海题材先后被改编为电影《八仙渡海扫妖魔》(1971,中国台湾)、木偶电影《八仙过海》(1983,中国大陆)、电视剧《东游记》(1988,新加坡)、电视剧《八仙过海》(1985,中国香港)、电视剧《笑八仙之素女的故事》(2003,中国大陆)、《八仙全传》(2009,中国香港)等。八仙过海传说还被进行了旅游开发。山东蓬莱黄海之滨有八仙过海景区。八仙过海景区又名八仙渡、八仙过海口等。景区以八仙传说为主题,集古典建筑与艺术园林于一体,内涵丰富,意境深远,观览性极强。主要景点包括:八仙过海口牌坊、八仙桥、仙源楼、八仙壁、八仙祠、会仙阁、龙王宫、妈祖殿、拜仙坛、海市蜃楼等。

总的来说海洋文学是一座巨大的题材宝库,有些海洋传说已被列为国家级非物质文化遗产。开发利用好这些海洋文学,将大力推动我国影视产业、旅游产业等的发展。

二、中国海洋艺术及其产业开发

中国海洋艺术经历了漫长的发展历程,虽然具体海洋艺术样式的历史发展轨迹不尽相同,但都伴随涉海劳动而萌芽,并随着中国海洋活动和艺术创作的发展而逐步发展,并显出勃勃的生机。

中国海洋艺术的萌芽始于涉海生产生活实践,并且经历了从生产生活实践到艺术实践的升华。比如原始先民在食用海产品后,发现它们的外壳精美,骨质洁白,通过简单的钻、磨等加工后就可以成为非常美丽的装饰品。又比如原始先民在洞穴的岩壁上用彩色矿石刻画下所捕获的鱼类的数量和样貌,或者记录下捕鱼活动本身。还比如原始先民向海神进献牺牲时,为了娱乐海神而敲击石块并配以简单的舞蹈步伐。这些加工和绘制的过程,这些简单的伴奏和舞步都是海洋艺术的萌芽。中国海洋艺术形式多样,精品甚多,风格独特,水平很高,显示了中国海洋艺术的发展和地位。需要提及的是,与中国海洋文学相比,海洋艺术作品存世较少,除了难以长期保留的原因外,也与我们的农耕文化审美心理及海洋意识较弱等有关。

(一) 中国海洋艺术概述

1. 古代海洋绘画

中国古代海洋绘画是我国重要的海洋艺术形式之一,作品存世相对较多。早期的中国海洋绘画与海洋神话传说及早期海陆地理认知有关系,如山东临沂金雀山九号墓棺盖上平展一幅帛画,帛画顶上绘有日、月、云朵,下有蓬莱、方丈、瀛洲三座海上仙山,以及龙升于海中,[①]该帛画正是“海上仙山”神话的反映。早期海洋绘画的代表作还有《山海图》。明代地理学家杨慎在《山海经补注》中说:“九鼎之图,其传固出于终古、孔甲之流也,谓之曰《山海图》,其文则谓之《山海经》,至秦而九鼎亡,独图与经存。”根据九鼎图的内容描绘成的《山海图》,叙述的文字部分

① 临沂金雀山汉墓发掘组.山东临沂金雀山九号汉墓发掘简报.文物,1977(11).

是《山海经》。到了秦代，九鼎佚失了，但《山海图》和《山海经》还保存着。到了汉代，《山海图》也不见了。晋代的郭璞对《山海经》作了注释，并重绘了《山海图》。晋代大诗人陶渊明在《读〈山海经〉》诗中有“泛览周王传，流观山海图”的句子，说明陶渊明曾看到过重绘的《山海图》。但是，重绘的《山海图》仍然没有流传下来。

到了汉代，海景与海神已经成为绘画中的常见题材。东汉的王延寿在其《鲁灵光殿赋》中说：“图画天地，品类群生。杂物奇怪，山神海灵。”汉代以后，海洋绘画作品逐渐增多，并出现了擅长画海景、海神等题材的画家。当时大量海洋绘画作品依然以龙、海中仙山等为主要内容，所以海景绘画多出现在寺庙中。比如唐代山水画家王陀子擅长绘画海景，《历代名画记》说甘露寺就有他绘的《须弥山海水》壁画。宋代《图画见闻志》卷二说唐末画家孙遇等人在当时以画龙水闻名于世，而他的作品也存于寺庙中。《宣和画谱》卷九说南唐常州画家董羽擅画大海，金陵清凉寺曾存有他的画海之作。从内容来看，中国古代海洋绘画作品的内容可以分为如下几类：

第一，以海洋神话传说为题材的绘画作品。代表作有东晋司马绍的《瀛洲神仙图》、唐代周昉的《白描过海罗汉》、宋代张激的《白描观音罗汉众佛卷》、宋代赵伯驹的《海神听讲图》、清代袁江的《海上三山图》等。

第二，表现海洋景观的绘画作品。代表作包括唐代李昭道的《海岸图》、北宋米芾的《海岳图》、南宋李嵩的《观潮图》和《夜潮图》、元代王蒙的《丹山瀛海图》、清代梅庚的《观潮图》、清代袁耀的《海峤春华图》等。

第三，反映与海洋相关的历史人物的绘画作品，如东晋戴勃的《秦王东游图》、南朝宋谢稚的《秦王游海图》。

第四，描绘船舶舟师的绘画作品，如西晋卫协的《吴王舟师图》、东晋史道硕的《王濬弋船图》、北宋燕文贵的《船舶渡海图》等。

2. 古代海洋雕刻

中国古代海洋雕刻作品留世不如海洋绘画多，但也反映了海洋文化在雕刻艺术方面的深刻影响。从内容上来看，中国古代海洋雕刻作用主要分为以下三种类别：

第一，以船舶、竞渡等为主要内容的航海主题雕刻作品。比如：在"战国水陆攻战纹铜鉴"[①]中绘有乘船航行和战斗的生动场面；战国时期的《宴乐渔猎攻战图》[②]壶纹饰中，绘有一艘双重甲板的三层战船，以及激烈的水战场面；此外在广西出土的不少铜器上都有"羽人划船纹"，[③]反映了与航行有关的生活和生产情况。

第二，以海浪、波涛等海景为主要内容的装饰类雕刻作品。这一类作品很广泛。比如古代铜镜上就有刻航海图纹的传统。常见的纹样为整个镜背为一单桅杆帆船在大海波涛中航行。宋金时期的此类铜镜尤多，铜镜的名称也与海洋有关，如："海船镜"、"煌丕昌天海舶镜"、"海舶镜"、"海涛云帆葵花镜"、"航海图形镜"等。此外，有些铜镜镜背的海浪波涛纹路中还有龙纹或鱼纹。

第三，以海神信仰为主要内容的宗教类雕刻作品。中国古代宗教性涉海雕塑发展较快，出现了大量与海洋相关的神佛类雕刻作品。常见的比如渡海观音像，山西平遥县双林寺与山西新绛县福胜寺都有较为知名的彩绘泥塑渡海观音像，前者为明代作品，后者为元代作品。寺庙中常见的海洋雕塑作品还有龙

① 郭宝钧. 山彪镇与琉璃阁. 科学出版社，1959：18，20.
② 何宝民. 中国绘画名作欣赏：上册. 海燕出版社，2006：7.
③ 中国国家博物馆，广西壮族自治区博物馆. 瓯骆遗粹：广西百越文化文物精品集. 中国社会科学出版社，2006：235.

柱石雕。

3. 古代海洋书法艺术

古代书法家以汉字来传达涉海内容形成海洋书法艺术作品。许多古代海洋书法艺术作品刻在滨海的摩崖石刻上。普陀山多摩崖石刻,如“海天佛国”、“山海大观”、“海天春晓”、“梅鼎金沙”、“望海”、“听潮”等,突显了普陀山观音道场的海洋气息。海南三亚的“海山奇观”、“天涯”、“钓台”等摩崖石刻,体现了其海洋文化特点和深厚的历史底蕴。

4. 古代海洋音乐舞蹈

中国古代海洋音乐舞蹈主要在民间得到了发展。海洋音乐舞蹈主要是指在海洋生产环境中形成,并具有海洋文化内容特色的音乐舞蹈形式。从海洋音乐舞蹈的起源来看,可以大致将其分为几类:

第一,与涉海事件有关的音乐舞蹈,如流行于以温州瑞安为中心的浙江地区、以福鼎为中心的福建等地的“藤牌舞”,就与明代抗倭名将戚继光训练士兵的战术有关。

藤牌舞是一种起源于古代军事操练的男性舞蹈。每逢喜庆节日,沿海的民众就在乡村最有威信的长老主持下,演练藤牌舞并参加行街活动。明代嘉靖年间,倭寇多次在浙南、闽东沿海劫掠,温州瑞安、福建福鼎等地更成为重灾区。镇守闽浙的戚继光根据当地的地理环境创造性地进行练兵,主要是用藤牌作为抗倭的主要防御武器。这种独特的战术直到清代还被闽浙沿海的军队所采用,藤牌兵操练活动经常举行。清末民初,随着现代武器的使用,藤牌已经失去了防御效果。但威武雄壮的藤牌舞却在民间流传下来,成为强身健体,民间娱乐的主要形式。民众还赋予这种藤牌舞驱邪保平安和纪念戚继光的意义。新中国成立以后,藤牌舞作为民间艺术形式得到加工整理,完成了从操练动作到舞蹈表演的演变过程。1957 年温州瑞安藤牌舞代表浙江省民间音乐舞蹈代表团,参加第二届全国民间音乐舞蹈汇演获优秀奖。周恩来总理、朱德委员长等国家领导人还在中南海会见了全体演员。在温州瑞安地区,藤牌舞一直作为传统保留节目多次参加省、市乃至全国性的重大庆祝活动并屡次获奖。

第二,与海洋生产生活实践相关的音乐舞蹈,比如流行于沿海各地的渔歌,以及与海洋围垦和海塘修筑有关的小调等。试举几例流传于上海沿海地区的渔民山歌如下:

南头大阿姊①

南头大阿姊,钩蛼挖蟛蜞。海滩像只汤水碗,卖脱蟛蜞买油盐。海滩走路不容易,一脚高来一脚低。赤脚踏在泥浆里,海水泥浆溅满脸。一不小心窝在泥潭里,碌也碌勿起。海里姑娘真是苦,儿子囡女全是伊。

《南头大阿姊》表现了海边渔家女儿劳作的艰辛:虽然不能出海捕鱼,但渔家女儿依然要每日在海滩上靠挖蛼子、蟛蜞来补贴家用。海滩泥多路滑,难以行走,一不小心就要跌倒。

撒　网②

白云飘飘天空上,鱼呀露在水面上,早晨太阳晒鱼网,撒得鱼网鱼满仓。

《撒网》是一首轻松愉悦的渔民山歌,通过歌唱白云、朝阳这样的美好意向,抒发了渔家丰收满仓的喜悦心情。

---

① 诸惠华,蒯大申.南汇海洋文化研究.上海人民出版社,2008:200－201.

② 中国歌谣集成·上海卷.中国ISBN中心出版,2000:63.

摇　船　歌[1]

不要怕船小,不要怕浪高,用力呀用力,摇啊摇啊摇。摇过了前村,穿过了大石桥,摇出了海口,又摇过了小岛。不要怕船小,不要怕浪高,用力呀用力,摇啊摇啊摇。

《摇船歌》是一首类似劳动号子的渔民山歌,歌词句式短小,歌曲节奏欢快,通过反复等艺术手法,表现了渔民们勇往直前,不怕艰难险阻的乐观精神。[2]

崇明岛的鸟哨是一种很特别的,在海边捉鸟活动中产生的技艺,后来成为一种艺术表演形式。

鸟哨,即用哨子模仿鸟的叫声,以吸引鸟,捕捉鸟。上海滨海,有大量的滩涂地,这些土地盐碱重,农业耕作难以展开,但滩涂生存着数量众多的小动物,往往吸引着各种鸟类前来捕食。开垦滩涂地的民众在捕鸟补贴生活的过程中发现这一行当获利丰厚,专业捕鸟者群体因此逐渐形成。他们用来捕鸟的主要方法就是通过吹哨模仿鸟的叫声。上海的鸟哨技艺尤以芦潮港鸟哨与崇明东滩鸟哨最为出名,下面以芦潮港鸟哨为例进行说明。

芦潮港鸟哨的产生与沿海滩涂地的扩张与开垦有关。清代光绪十年(1884 年)修筑彭公塘后,形成一定面积的滩涂。该滩涂逐年东扩南移。光绪三十一年(1905 年)又修筑了李公塘。彭公塘与李公塘之间形成一大片滩涂。在李公塘修筑之前,筑彭公塘形成的滩涂上就有逃荒者居住,并试图开垦滩涂。但滩涂土地不宜耕种,作物产量极低,难以维持温饱,初垦者大半转向半农半渔,还有些开始利用滩涂地有大量小型海产能吸引鸟类的特点捕鸟出售。由于所获颇丰,捕鸟者群体逐渐形成。诱捕鸟类的手艺也日

---

① 中国歌谣集成·上海卷.中国 ISBN 中心出版,2000:65.

② 毕旭玲.古代上海:海洋文学与海洋社会.上海社会科学院出版社,2014:47－48.

臻完善,鸟哨便是其中最有效的方法之一。该技术世代相传,到新中国成立前,在芦潮港生活的掌握该技术的专业捕鸟者约有70余人。从鸟哨的诞生过程来看,它同样是与海洋有密切关系的一种技艺。

鸟哨所用的短笛是用小竹管制成,长约三寸,经盐卤浸泡以后音色清亮,坚韧而不容易开裂。吹奏时,用舌头控制气流模仿真鸟鸣叫,真假难辨。技艺高超者能模仿十多种野鸟鸣叫声,甚至能召引百米高空飞鸟。随着城市化的发展和野生鸟类保护工作的推进,20世纪80年代以后专业捕鸟群体逐渐消失。但鸟哨作为一种民间表演技艺保存下来,经常进行舞台表演。崇明东滩鸟哨的吹奏者曾赴澳大利亚进行表演。此外,鸟哨还作为鸟类研究机构的辅助工具,帮助引鸟召鸟、捕鸟放飞,进行鸟类科学研究。

第三,与海洋信仰相关的音乐舞蹈,如与海龙王信仰有关的龙舞,以及各种祭祀歌舞等。松江叶榭的草龙舞就是一种与龙王信仰相关的求雨仪式舞蹈。

叶榭草龙舞是一种民间祭祀性龙舞仪式。根据传说,此舞蹈在唐代已经出现,因用稻草扎成龙身而得名。直到20世纪50年代,叶榭当地民众还为了求雨解旱而举行过此仪式,后因种种原因而式微,近些年又有所恢复。关于叶榭草龙舞的由来,民间传说是这样解释的:唐代大旱,而叶榭出身的仙人韩湘子为救父老脱困,吹起神箫,召来东海青龙施云布雨,解救了当地民众。此后,草龙祈雨便成为当地的一种民俗活动。[①] 叶榭草龙舞实质上是一种村落群体性的祭祀活动,一般在农历五月十三的关帝诞辰、九月十三的关帝成神日两天举行。仪式前供奉"神箫"和"青龙王"牌位,使用稻谷、麦、豆、浜瓜、鲤鱼等贡品。舞龙活动分为"祷告"、"行云"、"求雨"、"取水"、"降雨"、"滚龙"、"返宫"等先后七个仪式,

① 扎草龙求雨//中国民间故事集成·上海卷.中国ISBN中心出版,2007:628.

再现了韩湘子召龙、青龙降雨的全过程。因传说中韩湘子善吹箫，故叶榭草龙舞中不以龙珠领舞，而以箫代珠。在降雨仪式中，村姑不断向周围民众洒水，表示“泼龙水”，寓意吉祥。整个仪式庄严、隆重而不乏娱乐气氛。

当代的叶榭草龙道具全身分为七段，全长十米左右。制作时，首先用竹篾扎出“龙骨”，然后在其上用稻草扎成“龙衣”。制作一条草龙的原料除了粗细不等的竹子外，还需要大量的稻草。稻草的选取也颇为讲究，必须要使用韧性强、不易折断的糯稻稻草。由于草龙的制作相当复杂和精细，所以制作一条草龙大约需要 300 多个小时。[①] 草龙舞动时，用木鱼与祭板进行伴奏，按表演顺序分为祭天舞、求雨舞、龙舞、丰收舞四大部分。祭天舞者一般由男性担任，他头戴雨帽，足蹬草鞋，手持“祭牌”跳“祭天舞”。然后由多名女性表演“求雨舞”。其中，部分女性手捧蜡台红烛，部分女性共抬香炉，部分女性捧猪头三牲、果品美酒等祭品，在祭牌引导下跳起求雨舞。龙舞的舞者有一人扮演韩湘子，口吹长箫，挥动箫上彩须引龙上场。舞龙者随即身披蓑衣，足穿草鞋，挥龙起舞。这是全舞的中心和高潮。当龙舞舞至“降雨”阶段时，女性舞者跳起欢快的“丰收舞”，并不断向周围群众“泼龙水”，围观者争相湿衣。叶榭草龙舞这种祭龙求雨的仪式舞蹈，除了舞蹈本身的形式、舞蹈仪式中的宗教功能之外，整体仪式中整合村落集体力量的文化功能也颇为重要。

5. 当代海洋艺术

到了当代，国人的海洋意识普遍增强，海洋艺术也取得了不俗的成就，主要表现在如下几方面：第一，海洋城市雕塑的发展。大量涉海历史人物如郑成功、戚继光、徐福、郑和等，都成为城市雕塑的表现对象。比如巨型花岗岩雕像郑成功于 1985 年 8 月 27 日在

---

① 松江“叶榭草龙”舞起来. 新民晚报，2011－10－07(A2).

郑成功诞辰361周年落成，屹立在鼓浪屿东南端的覆鼎岩。郑成功塑像面朝大海，身披盔甲，手按宝剑，气势雄伟。涉海人物中除了历史名人之外，还有普通民众的形象，如广西北海的"老渔翁"雕塑，就塑造了正在钓鱼的渔民形象。还有一些海洋城市雕塑采用了抽象与具象相结合的方法，表达海洋文化的内涵，如大连的"鱼贯而入"，辽宁锦州的"拥抱大海"等。第二，当代海洋音乐发展迅速，许多艺术家参与海洋音乐的创作，产生了一批海洋音乐名品。如以滨海儿童的生活为基础的儿童歌曲《小螺号》就产生自刚刚改革开放的80年代初；1980年唱响中国大地的《军港之夜》成为中国军旅歌曲的海军经典代表曲目；1983年诞生的《大海啊故乡》是影片《大海在呼唤》中的插曲，表现了主人公对大海、故乡和祖国母亲深挚的感情。80年代以后，中国海洋音乐进入黄金时期，军旅歌曲《海姑娘》、流行歌曲《大海》等都曾风靡一时。第三，新的艺术形式和艺术创作手法被引入海洋艺术。比如摄影已成为表现海洋生活的重要艺术形式，滨海城市经常举办大型海洋摄影展，产生了很大社会影响。我国许多海洋艺术创作融入了西方海洋艺术表现手段和美学思想，如交响合唱《中国神话四首》，充分借用了西方艺术表现形式，是中西艺术相融的具体表现。

（二）中国海洋艺术产业开发案例

1. 京族海洋舞蹈

京族是以海洋渔业生产为主要生产方式的少数民族，主要聚居在广西防城港市的万尾、巫头、山心三个小岛上，素有"京族三岛"之称。京族的祖先约在16世纪初陆续由越南涂山等地迁移至广西。

关于京族的迁移，当地还有一个传说：相传在四五百年前，京族祖先追赶鱼群漂流到万尾、巫头岛附近的海面上迷失了方向。正当他们在漆黑的夜色中饥渴难忍的时候，听到了一阵蛙鸣，人们循声找去，发现了两个荒岛。岛上不仅林木茂密，而且淡水充足，便决定在岛上安顿下来。农历八月初十，京族民众在岛上建好祖庙，供起祖宗的牌位。在这一天，京族民众举行了盛大的庆祝仪式，并将其命名为“哈节”，以后每年的这一天京族民众都要举行盛大的庆祝仪式。2006 年 5 月 20 日，广西壮族自治区东兴市申报的京族哈节经国务院批准列入第一批国家级非物质文化遗产名录。

哈节是京族人民纪念祖先、敬奉神灵的传统民族节日。京族民众所敬奉的神灵就是镇海大王。根据当地传说，在京族三岛旁的白龙海峡中有一条蜈蚣精，经常吞食过往的渔船上的渔民。天上有一位神仙想要帮助渔民除掉此精，便化成乞丐搭船出海。到了白龙海峡时，果然看到蜈蚣精张开血盆大口爬上船要食人。仙人便迅速将煮烫过的南瓜塞进它的嘴里，烫死了蜈蚣精，并将其砍为三段。蜈蚣精的三段尸体就变成了巫头、山心、万尾三岛。京族民众将这位除妖的仙人称为“镇海大王”，在每年哈节时都会供奉他的神位。

哈节前，京族人家家户户打扫门庭，里里外外布置一新。节日当天，全村男女老少穿着节日盛装，聚集在哈亭（过哈节的公共娱乐场所）内外。京族哈节活动由祭祖、乡饮、社交、娱乐等内容组成，活动一般持续三至五天，通宵达旦，歌舞不息。除了歌舞活动外，还有斗牛、比武、角力竞赛等。整个节日活动过程，大体分为以下四个部分：第一，迎神。在哈节前一天，民众举旗擎伞抬着神座到海边，遥遥迎神，把神迎进哈亭。第二，祭神。祭神的具体时间为哈节的当天下午三点钟左右。首先由主祭者带领人们迎接来自海上、天宫的各位神灵以及祖先进入神位，然后读祭文，向诸神敬酒和献礼。娱神是敬神的重要内容，包括古诗词演唱、历史故事说唱等。此外，还要唱“进香歌”，跳“进香舞”、“进酒舞”和“天灯舞”等。第三，入席听哈。祭神仪式结束后，民众就入席饮宴与听哈。每席一般六至八人。酒肴除少数由“哈头”（哈节中主持唱歌娱乐的人)供应外,大部分由各家自备。但妇女只能捧菜上桌,不能入席。第四,送神。送神时必须念《送神调》,还要"舞花棍"。"唱哈"完毕,就代表送走了神灵。哈节的主要仪礼也便结束了。

京族哈节的重要组成部分就是民间歌舞。哈节,就是歌节,歌舞活动贯穿始终。关于京族哈节歌舞活动的来历也有一个传说:古代有位歌仙来到京族三岛,以传歌为名,动员群众起来反抗封建压迫。她的歌声感动了许多群众。后人为了纪念她,建立了"哈亭",定期在哈亭唱歌传歌,渐成节俗。

唱哈是哈节的主角,唱哈一般有三位歌手。男歌手一人,称"哈哥",主要抚琴伴奏。两位女歌手是"哈妹",一个持两块竹板,另一个拿一只竹梆,击节伴奏,轮流演唱。歌的内容有民间传说、哲理佳话、爱情故事等。唱哈的同时还要伴舞。哈节上表演的传统曲目包括"跳天灯"、"采茶摸螺"、"进酒舞"、"进香舞"等。

"跳天灯"也称"天灯舞"、"烛光舞"。传统"跳天灯"的目的是祈求镇海大王、陈朝上将与本地的土地神等神灵保佑人寿年丰。"跳天灯"的主要道具是点燃的蜡烛,烛光还有引领海上捕鱼亲人平安返航之意。"跳天灯",舞者头顶一只插了一根燃烧蜡烛的碗,同时双手各持一杯,杯中也插着燃蜡,然后随着鼓点翩翩起舞。表演"跳天灯"的都是京族的年轻女子,她们上身稳重端庄,步伐轻盈,手腕前后上下左右移动,蜡烛随着她们的舞步而移动,寓意在茫茫大海中为亲人指引航向。"采茶摸螺舞"表现的是京族民族的劳动与爱情生活。舞者边唱边舞,模拟采茶和摸螺的动作,形象生动,充满渔家的生活情趣。歌词内容如下:"姐妹上山摘茶,采野花三五朵。下溪下溪戏耍去摸螺,快捶螺,用力吸。""进香舞"主要用于祭祀,由跳香和跳乐两种动作组成。三位舞者表演,表演时舞者左手执三支燃香,右手向内做轮转手花和转手翻花等动作,多为圆场步。京族民间舞蹈展现了南方海洋渔业民众特有的柔美、圆润、纤细的舞蹈风格。[①]

目前，京族哈节中的万尾哈节已经被当地政府打造为一项特色旅游产品。2015 年万尾哈节的活动从 7 月 23 日一直持续到 7 月 30 日，共七日七夜。其内容包括迎神仪式、万人餐、京族独弦琴演奏、文艺晚会、山歌会、原生态文艺、祭神、乡饮、祝酒、送神等丰富多彩的民俗活动。为了全方位展示京族文化特色，2015 年的万尾哈节加了祠堂对歌等活动。每年的万尾哈节不仅吸引了广西内外的游客，还有越南京族民众前往参加。2015 年来自越南的嘉宾众多，其中越南芒街市茶古坊就来了 120 多人。[②]

2. *海洋祭祀大奏鼓*

大奏鼓是流传在浙江省温岭、玉环一带渔区的祭祀海神的舞蹈，2008 年被列入第二批国家级非物质文化遗产代表作名录。大奏鼓相传始于清初，大奏鼓的前身，是流行于闽南沿海的迎神跳鼓习俗，被称为“车鼓弄”。按照闽南习俗，车鼓弄多在渔业丰收、妈祖诞辰及元宵夜巡游时表演，巡游时的大鼓，多被装扮成张灯结彩的鼓亭，因此又叫车鼓亭。清乾隆年间，部分闽南渔民迁居至温岭时，将这种舞蹈带入温岭。后来，温岭、玉环一带渔民融合了两地的民间音乐和舞蹈，将其发展成为今天有名的大奏鼓。从此，渔民为了祈求远航平安，就跳起大奏鼓来祭祀海神。

每年春汛来临之时，为祈愿丰收和平安，在温岭、玉环一带的海滩上，一群群装扮成山鬼和海妖的渔民踩着急促的鼓点，大幅度地挥动着胳膊，跳起夸张的大奏鼓。大奏鼓表演时，演员要化浓妆，开始时化装用牙粉加水涂于脸上当作粉底，随手撕下未褪色的春联的红纸在两边脸上印两个大红圆圈当作胭脂，非常简易。后

---

① 职慧勇. 中国民族文化百科. 中国民族摄影艺术出版社，1998：1042 - 1043.

② 2015 京族“哈节”盛大开幕. 防城港市新闻网，2015 - 07 - 25[2015 - 10 - 25]. http://www.fcgsnews.com/news/hot/2015 - 7 - 25/71825.shtml.

来采用戏剧油彩化装,效果比以前要好。而舞蹈服装则曾是清一色闽南惠安女子打扮:身穿老式大襟便服,头上用布条、纱巾裹缠,再装上羊角尖。耳上戴着简易大环,赤脚套脚环。后来,演出服装改为上穿深蓝色斜襟短袄,下身为橘黄色大口裤,头上戴着橄榄形黑色羊角帽。

大奏鼓舞蹈动作粗犷而诙谐,边奏边舞,其鲜明特点是舞者是"男扮女装",具有独特的地方色彩。一般来说,表演大奏鼓的演员在7—9人左右,化着浓妆的男舞者有一名扮演"海神",其余扮演山鬼海妖。舞者光着脚板,佩戴脚镯和手镯,左手高举木鱼,右手执木棰,随鼓声跳跃。因为鼓是主要乐器,后来为了突出打鼓者,将打鼓者改为男装。这些舞者每人手持一种乐器,有木鱼、扁鼓、唢呐、汤锣、铜钹、铜钟等,边敲边跳,表情风趣诙谐,富有渔村特色。①

20世纪50年代,大奏鼓逐渐被冷落。70年代"文革"时期已经销声匿迹。1979年以后,大奏鼓得到了重新挖掘和整理。目前,大奏鼓已经成为温岭一带著名的民俗表演项目。

3. 泉州唆啰嗹

唆啰嗹又称采莲,因反复吟唱唆啰嗹,故俗称唆啰嗹、梭罗莲、嗦啰嗹等,是泉州地区在端午节时表演的一种独特的汉族民俗踩街舞蹈。清乾隆《泉州府志·风俗》说:"五月初一日采莲,城中神庙及乡村之人,以木刻龙头,击鼓锣,迎于人家,唱歌谣,劳以钱或酒米。"泉州唆啰嗹出现于明永乐年间。唆啰嗹源于古代宫廷采莲舞。采莲舞传入民间以后,与民间的龙崇拜,以及古代泉州驱疫驱傩仪式相结合,产生了唆啰嗹。其目的是为了驱邪消灾,祈望航行平安,海运亨通。

泉州地处海滨,民众因潮湿而易患瘟疫,农历五月是梅雨季

① 《中华舞蹈志》编辑委员会. 中华舞蹈志·浙江卷. 学林出版社,1999:158-159.

节，更是瘟疫高发期。因龙神既能吞云吐雾，又能吐水吸水，当地民众便于每年端午节时举行全民参与的唆啰嗹，以求龙神保佑。

泉州晋江安海镇的唆啰嗹最具代表性。早期安海全镇共24境，都有木雕龙王爷头像。平时，这些木雕龙王爷头像都在各境主宫神坛供奉。端午节时，各境抬出木雕龙王爷头像出巡，家家户户歌舞唆啰嗹，以祈求龙王爷吸干大地水湿，清除瘟疫，净化空气。此外，家家户户还煎麦饼补天，以求止雨。安海镇霁云殿和妈祖宫都拥有演唱唆啰嗹的采莲队，因为霁云殿和妈祖宫地位较高，所以这两队采莲队可以行进的范围较广，霁云殿龙王爷采莲队可以从山采到海，而妈祖宫龙王爷采莲队可采遍海边。至今，安海霁云殿龙王爷采莲队还保存两套《唆啰嗹》歌曲歌词。[①]

清代至新中国成立前，唆啰嗹广泛流传于泉州城内各铺境以及周边晋江、南安、惠安各沿海地区，尤其是晋江沿岸各码头。新中国成立后，农历五月初五端午节唆啰嗹表演仅保留在晋江市安海镇，后一度消失。1953年，晋江安海镇一批文艺工作者重新组织了唆啰嗹队伍，并对唆啰嗹进行了改造，使其从街头登上了舞台。“文革”期间唆啰嗹再次遭到禁锢，“文革”以后才恢复发展。2012年6月，应文化部邀请，安海的唆啰嗹以舞蹈形式参加在浙江嘉兴举办的“2012中国·嘉兴端午民俗文化节”民俗歌舞展演，从此在全国名声大噪，现在已经成为泉州特色的民俗活动，每年都吸引大批周边民众和旅游者前往观看。

---

① 郭肖华等. 闽台民间节庆传统习俗文化遗产资源调查. 厦门大学出版社，2014：113－116.

第六章　中国海洋工艺美术品及其产业开发

工艺美术是一种根植于民间的造型艺术,具有很强的时间性和浓郁的地方色彩,受时代、地域、经济条件、文化水平、技术水平的影响,并因民族习惯和审美观的不同而表现出不同的特点。工艺美术产品来源于民众的生产生活实践,又创造了高于生产生活实践的审美价值和经济价值,充分体现了民众的创造性。海洋工艺美术品是以海洋物产和滨海矿产等为原料或以涉海事物为对象,进行艺术加工所得的产品。海洋工艺美术品的加工对象包括海洋物产,如贝壳、海螺、龙虾、珊瑚等,还包括滨海矿产,如礁石、鹅卵石等,也包括各种陆生材料,如制作木船模型所需要的木材等。海洋工艺美术品加工技艺包括传统船模制造技艺,贝壳类物产雕刻技艺,渔具、渔民服饰、渔民画、沙雕画制作技艺等。海洋工艺美术品经过艺术加工以后,不仅具有海洋物产或涉海事物的原有特色,还融入了海洋传统文化元素,形成了独一无二的海洋工艺美术产品,具有很高的审美价值和经济价值。

我国沿海地区有着丰富的海洋物产资源和海洋工艺美术品制作的传统技术,可以借此大力发展各类贝壳饰品、贝雕等贝壳工艺品,珊瑚工艺品,海洋生物画,海洋生物标本等具有海洋特色的工艺品产业。我国海洋工艺品产业开发主要具有以下三重意义:第一,海洋工艺品产业开发对于传承我国传统海洋文化,保护海洋文化遗产具有重要作用;第二,海洋工艺品产业开发还可以提高渔民的经济收入,为解决渔村经济产业转型提供一条渠道;第三,海洋工艺品产业开发还可以培养民众的海洋审美情趣。

我国海洋工艺美术品可以分为海洋日用工艺品、海洋陈设工艺品两类。海洋日用工艺品即经过装饰加工的生活实用品，大到船舶，小到椰壳碗、贝壳手串等都属于此类；海洋陈设工艺品即专供欣赏的陈设品，如珊瑚摆件、渔民画等。本章将按照这两种分类分别进行论述。但要说明的是：面对同一种材质，海洋日用工艺品和海洋陈设工艺品有时没有严格的界限。比如贝类工艺品大多数属于日用工艺品，但有些也可以作为陈设工艺品。本章仅仅从其主要用途方面进行划分。

一、海洋日用工艺品产业

（一）贝类日用工艺品及其产业开发

我国海岸线漫长，岛屿密布，其中生活有大量海洋贝类，目前已经发现的有 4 000 余种。其中有营固着或附着生活的贻贝、牡蛎、海菊蛤等，有自由生活的马蹄螺、蝾螺、宝贝等，有匍匐在沙滩、泥滩上的爬行类如凤螺、玉螺、泥螺等，有埋息于泥沙中的蛏类和蛤类，也有凿穴生活的石蛏、海笋等，还有浮游生活的海蜗牛等。①这些贝类的贝壳形状、纹路、颜色各不相同，是进行工艺品加工的优良材料。

贝类装饰品是我国最原始的海洋艺术品。我国滨海地区的原始先民很早就以这些海洋贝类为食，并留下了广布于沿海地区的贝丘遗址。在漫长的生产生活中，民众发现贝壳以奇特的形状、艳丽的色彩和精美的花纹使其很容易被雕琢打磨成工艺品，或镶嵌在其他材料中制成精美的器具和摆设等，因此被广泛用于人体装饰、生活用品、劳动工具和随葬品等。考古发现，我国出土的旧石器时代晚期装饰品中就有不少贝类制品，比如北京周口店山顶洞人遗址中就发现了用于人体外装饰的贝类饰品。贝类还被原始先

① 张素萍. 中国海洋贝类图鉴. 海洋出版社，2008：3.

民用于占卜祭祀等宗教用途，比如1987年在河南濮阳西水坡发掘的巫觋墓葬中就有三组用蚌壳摆塑的动物形象。[①] 到了先秦时期，贝壳被广泛制成项链、臂饰、腰饰等用于人体装饰，甚至还出现了马饰、车饰。宋元前后，贝类工艺品加工技术中发展出较为纯熟的螺钿镶嵌和贝贴等工艺。当代贝壳工艺品种类繁多，如酒具、摆件、挂件、项链胸饰等。甚至不少贝壳可以直接作为生活用品，如马蹄螺可作烟灰缸、大角螺可用作号角等。

围绕丰富的贝类资源，中国沿海可以重点开发贝类海洋工艺品的加工和收藏两大产业。贝类海洋工艺品的产业开发重点在于成立开发、设计、生产、销售于一体的专业机构或公司，提高技术水平，扩大规模，开拓国内外新市场；随着珍贵贝类资源的减少，海洋贝类收藏业将具有很大的市场潜力，应该尽快建立相关机制和市场，鼓励民间收藏和买卖。

洞头贝雕是贝类海洋工艺品的代表。温州洞头岛的海岸线曲折蜿蜒，盛产各种贝类。洞头贝壳工艺品加工有上百年的历史。洞头贝壳加工开始于当地民众审美与生活的需求，并与当地民众的生活习俗密切结合。很早以前，这里的民众就喜欢将小贝壳穿成串，作为颈部、腕部的装饰品，并把大螺壳的外沿取下制成悬吊蚊帐的钩子。那些形状特异的螺贝则直接被洞头民众作为摆件。婴儿满月时，家人也会为其挂上榧螺（俗名“长寿螺”），以祈福避凶。而在农历七月初七的乞巧节，洞头年轻女子喜欢佩戴自己亲手制作的贝串以显示心灵手巧。20世纪50年代初，在当地独具海洋文化特色的民间乐曲和民间舞蹈的启发下，洞头民间艺人对传统贝类加工技艺进行了挖掘，并结合当时的审美情趣和生活需要，用贝壳粘合堆叠，创作出油灯座、蜡烛台等日用品，以及山水、动物等工艺品，成为当地民众喜爱的室内装饰品。这种将贝壳堆

① 张光直. 中国考古学论文集. 生活·读书·新知三联书店，2013：144.

叠粘贴的工艺叫做贝堆工艺。到60年代,洞头工人创办了贝雕工坊,聘请民间艺人做技师,开始批量生产贝类工艺品。贝堆工艺利用了贝壳的自然形态和颜色,但工艺水平较低。

随着贝堆工坊产品销量的节节攀升,到1970年,洞头成立了贝雕工艺厂。工艺厂不仅拥有众多的技术工人,还有贝类工艺研发的技术人员,他们攻克了贝雕技术难关,拓展了贝类艺术品加工工艺的新领域。与贝堆工艺相比,贝雕是选用有色贝壳,利用其天然色泽和纹理形状,经过剪取、车磨、抛光、堆砌、粘贴等工序雕琢成平贴、半浮雕、镶嵌、立体等多种形式和规格的工艺品。贝雕技法和生产工艺非常复杂,需要严格按图纸要求进行生产加工。

贝雕技术产生后,洞头贝雕工艺厂生产能力大大提高,开发了许多新产品和新样式,包括挂件、摆件在内的贝雕产品,手链、耳环、贝珠类的贝雕首饰,以及平嵌贝雕件等。20世纪80年代是洞头贝类工艺品制造的黄金时期,贝雕工艺生产一度成为洞头海岛经济的一大支柱。当时洞头曾流传这样一句顺口溜:"洞头三件宝:貂皮贝雕和玛瑙。"洞头贝雕工艺品通过上海进出口公司,远销东南亚和西欧,广受好评。

20世纪90年代中期以后,受到原料涨价、工厂流动资金的短缺以及人才设备等诸多因素的影响,贝类工艺品生产出现滑坡。此后,贝雕工艺厂改制,部分贝雕艺人自行办厂。虽然从技术水平和产品工艺上来看,洞头贝雕在90年代以后不仅没有落后,反而在继续前进,但各厂的生产规模、销售总量,都已经无法与鼎盛时期相比,从事贝雕的民间手工艺人寥寥可数。

近年来,在全国性的保护民族民间文化遗产的呼吁声中,洞头贝雕得到了洞头县政府的关注。2006年,洞头县东海贝雕工艺品有限公司经过重组成立,重拾贝雕业务,希望复兴海洋文化。2007年,东海贝雕被列入浙江省非物质文化遗产名录。2011年,洞头县东海贝雕工艺品有限公司被列为浙江省非物质文化遗产生产性保护基地，公司的产品也被评为温州市洞头旅游指定产品。①

（二）珊瑚工艺品及其产业开发

珊瑚是珊瑚虫群体或骨骼化石。珊瑚虫是一种海生圆筒状腔肠动物，以捕食海洋里细小的浮游生物为食，在生长过程中能吸收海水中的钙和二氧化碳，然后分泌出石灰石，变为自己生存的外壳。珊瑚是珍贵稀少的海洋物产，它的生存对于缓解海浪对海岸的冲击，以及保持珊瑚礁鱼类资源的平衡具有重要作用。近些年，由于滥采珊瑚，珊瑚资源渐渐衰竭。红珊瑚虫现在已被列为国家一级保护野生动物。

古罗马人认为珊瑚具有防止灾祸、给人智慧、止血和驱热的功能。在中国，珊瑚是吉祥富有的象征。珊瑚是极受珍视的首饰宝石品种，红珊瑚与琥珀、珍珠被统称为有机宝石，很早就已用作装饰品。早在新石器时代，中国先民已经懂得将珊瑚制成简单的小饰品。珊瑚在古代是制造贵重饰品、用品的重要材料，我国各朝都有红珊瑚的使用记录。唐代诗人薛逢曾有诗句描述仕女们头戴的珊瑚钗："坐客争吟云碧句，美人醉赠珊瑚钗。"在唐代，珊瑚除了做成饰品外，还被做成珊瑚笔砚、珊瑚架、珊瑚钩等。清代皇帝在重要礼仪中，经常戴红珊瑚制成的朝珠。珊瑚作为佛教七宝之一，还被用来做成佛珠，或用于装饰神像。珊瑚还可以作为珍贵的摆件。

我国禁止大件和珍贵珊瑚工艺品售卖，但普通珊瑚工艺品产业可以开发旅游和收藏市场。珊瑚工艺品的加工和制作在我国有着较长的历史，目前有多家从事珊瑚工艺品制作的公司企业，珊瑚工艺品包括：珊瑚首饰、珊瑚摆件、珊瑚化石标本、珊瑚植物标本等。小型珊瑚工艺品的加工过程包括如下一些步骤：采捞、挑选、清洗、切割、雕凿、打磨抛光等。

---

① 陈万怀. 浙江海洋文化产业发展概论. 浙江大学出版社，2012：262－264.

（三）木船制作工艺及其产业开发

船文化是中国海洋文化的一个重要组成部分。船文化的内容很广泛，包括造船风俗、船饰风俗、船舶制造技艺、船上绳锁编织技艺等。以造船风俗为例，在沿海地区，造出海的船是非常讲究的，比如在安装船的梁头时，要在船体上披红挂彩。最讲究的风俗体现在“定彩”过程中。“定彩”就是装“船眼睛”，舟山一带的“定彩”包括制作、封眼、启眼三个步骤。制作船眼睛是在新船船体造完后进行，木匠师傅用上等木料精制一对船眼睛，钉在船头的两侧；船主请阴阳先生择定吉日良辰举行仪式。在仪式这一天，船主用五色丝线扎在作船眼珠的银钉上，并将它嵌钉在船头，用新红布或红纸将其封好，这个步骤是“封眼”；当新船下水时，在鞭炮声和锣鼓声中，举行“启眼”仪式，船主将封眼的红布揭掉。然后请木工师傅在船尾部画一条海泥鳅。根据民间传说，海泥鳅是东海龙王的外孙，被封为鱼皇帝，东海的水族都由它统管，见到它的画像，大鱼均会躲避，渔船因此可以免遭大鱼的袭击。

当然，船文化的核心部分是木船制造技艺。木船制造工艺品产业的发展大约有两个方向，一是为旅游、体育、会展、博览等产业制造大型木船，二是为收藏、旅游、体育产业生产小型模型和工艺品。前者比如制造旅游船、观光船、机动木船、电动木船、画舫船、仿古木船、欧式木船、道具木船等各类木船，后者比如制作具有较高观赏性与收藏价值的木船装饰品、模型以及纪念品等。从制造技艺来看，木船制作工艺主要可以分为普通木船制作工艺、彩船制造技艺以及船模制造技艺三种。

舟山传统木船制造技艺是普通船舶制造技艺的代表，被列入第二批国家级非物质文化遗产名录。舟山地区的传统木船制作技艺具有百年历史，如岑氏木船作坊创建于晚清。岑氏家族木船作坊当时主要打造木帆渔船。岑氏木船造船工艺中，讲求曲直木料区别选用，斧、刨等手工具灵活兼施，木料对接因地制宜，钩子、穿钉、螺栓配套安排合理，油灰捻缝细致到位等原则。此外，岑氏木船制造中特别重视船体的装饰，在船尾、船头、船甲板等处以传统木雕工艺和民间绘画进行装饰，具有较高的文化艺术价值。从工艺上看，岑氏木船作坊不仅以中国古代传统造船工艺为基础，还融合了西方木船制作技术，形成了具有海岛地域特色的手工技艺。岑氏木船作坊经过四代人的发展，已制造过约千艘各类木帆船。仿古帆船制造更体现了其工艺优势，代表作有仿宋“绿眉毛”船、仿隋遣隋使船、仿明“郑和宝船”，仿宋“神舟”、仿元明的“漕船”等。不少仿古帆船被收藏在美国、日本、新加坡等国家以及中国台湾、香港等地区的博物馆。①

彩船是一种旱船，属于大型的海洋传统工艺品。彩船又称“纱船”，是由薄纱等材料制作而成，因船身色彩丰富，故得名“彩船”。从纹饰上划分，彩船可以分为“龙船”和“凤船”两种。船头、船尾饰以龙图案者是“龙船”，饰以凤图案者称为“凤船”。从船的造型上，又可以将彩船分为鱼船、虎头船、官船、花轿船、鼓阁船、亭阁船等不同类型。浙江宁波鄞州区的彩船制作技艺是彩船制作技艺中的代表。鄞州地处滨海地区，船是重要的生产工具和交通运输工具，民众祈望出海时一帆风顺，返航时满载而归，因此制作了彩船作为吉祥的象征。鄞州彩船主要用于庙会中娱神的民俗表演以及各种年俗节庆活动中。表演时，彩船由前后四人相抬，在民间器乐的伴奏中缓缓行进。为了减轻重量，彩船一般采用质地较轻的杉木、竹子、纱布、颜料、彩丝、彩带等材料制成，其缺点是容易损坏、褪色，不易保存。

船模即船舶模型，是完全依照真船的形状、结构、色彩，甚至内饰部件，按比例缩小而制作的模型。船模因为能真实地再现原船的主要特征而蕴含着丰富的船舶文化，具有很高的收藏价值。中

① 陈万怀. 浙江海洋文化产业发展概论. 浙江大学出版社，2012：259－260.

国古代船模的制造可能源于造船时所需要的实物依据，在造船中，船模是一个必不可少的依据。古代木帆船打造前都要先行制作船模作为实船的依据。中国古代船模制造还与一种特殊的航海习俗有关：在新船下水出航时，会同时制作一只模型供奉在妈祖庙内，以期妈祖时刻关心此船的安全。所以在很多地方的妈祖庙内便留下了大量的古代船模。当然，中国古代的船模制造除了造船的实际用途、祈福的宗教用途外，还有审美、赏玩、军事等各方面的用途。木帆船退出历史舞台后，船模制作也随之衰弱，衍化成为一种纯粹的艺术观赏品。目前我国的船模制造企业主要集中在东部沿海一带，其产品的出口量很大。

在船模制造技术的支持下，我国的航海模型比赛也逐渐成为一种全民欢迎的休闲运动。早在 1958 年的北京就举行了新中国成立以后第一届全国航海模型比赛。从那时起，几乎每年都举行全国性航海模型比赛。在历届全国运动会上，航海模型比赛也均被列为比赛项目或表演项目。20 世纪 70 年代末期，我国的航海模型运动与世界接轨。1978 年，中国航海运动协会与世界航海模型联合会建立了联系。1979 年，中国航海运动协会应邀派代表出席观摩了第一届世界动力船模型锦标赛。1980 年 3 月，世界航海模型联合会主席团通过决议接纳中国为会员国。

（四）灶花

灶花是厨房的装饰画，一般画于“灶山”，即灶门与灶面之间遮挡烟灰的短墙上，其内容丰富，人物山水花鸟及抽象图案不拘，上海民间称之为“灶头花”。根据传说，灶花的产生与海盐生产密不可分。南汇早在宋元时期就成为著名盐场，建灶煮盐。盐民为了祈求盐业丰收，便在盐灶和家灶上绘制各种吉祥图案。因此，灶花从来源上可以归属为海洋美术。

灶花的发展过程如何现在已少有文献可考，但到光绪年间，在浦东、南汇等地已经形成了颇具规模的灶花画匠群体,出现了不少成名的灶花画艺人。大团的唐阿妹,新场的傅树棠、陆阿四、陆根兴师徒等都是当时的"灶花一支笔"。灶花流传的范围很广,除了上海各地外,江南很多地方也存在。过去,无论是大户人家还是平民家庭,新砌了灶头都喜欢请人画灶头画,以祈祷吉祥,并达到美观的效果。在上海,灶花在浦东、奉贤、南汇、川沙、崇明等地非常流行,又以南汇灶花与崇明灶花为最。

从内容上,灶花画可以分为人物画(八仙过海、聚宝盆、赵云救阿斗、古城会等)、风景画(宝塔、日出等)、花卉画(荷花、石榴、仙桃、牡丹、万年青等)、动物画(鲤鱼、喜鹊、仙鹤、龙凤、大公鸡等)、图案画等。在题材上,传统的灶花不外乎五谷丰登、六畜兴旺、神话传说、山川景物等。常见的形象如竹,寓意"祝(竹)报平安";鱼,寓意"年年有余(鱼)";山水,祈求"一帆风顺"(画中必有帆船);鹰、鸽,寓意"雄鹰展翅",祈祷"和平吉祥"。

在艺术上,灶花往往具有画面匀称、布局合理,构图饱满、造型夸张,主题突出、装饰性强,色彩鲜艳、对比强烈的特点。传统的灶花主要在雪白的灶壁上以黑线勾勒灶花,采用黑白对比的表现手法突出灶花的效果。在画的周围,工匠还配之黑色的裙边,使得整体灶花富有立体感。随着时代的发展,灶花的色彩已经从单纯的黑白配发展为五彩相杂,鲜艳亮丽。

灶花绘画步骤基本如下:首先要在灶面上横刷一遍白石灰水。然后根据灶头的形状确定画面的画框大小。画框一般为长方形,寓意方方正正,堂堂正正。然后用黑色颜料(传统的颜料由锅底灰调制而成)画边纹线和画框。最后在画框中填涂颜色。为使颜色更鲜艳,老艺人经常将白酒调入颜色中。

灶花的绘画技巧,被灶花艺人称为"干湿画"、"湿壁画"、"国画"。在灶头刚砌好,泥灰未干之前,灶花画艺人便迅速作画,一天内完工。待泥灰中的水分渐渐蒸发至干透,画面也随之定型。

如此画法，能使画作经久不坏，其颜色几十年之后依然光鲜如初。通过世代相传，灶花画艺人们积累了很多经验，画图案、画线条都有一整套的艺诀。如：画山水，线条要均匀、深淡一致；画树时，线条不能一样深浅，也不能一样粗细。[①]

灶花是一种珍贵的海洋民间美术，反映了历代劳动人民追求家庭和睦、环境美化、家居装饰的传统理念。其题材选择、表现手法、审美价值都值得进一步研究和探讨。随着农村生活水平的提高，灶头上贴瓷砖渐渐流行，于是灶花便逐步被彩绘瓷砖所代替。而当现代化厨房取代传统的灶台后，传统的灶花也将最终退出民众的生活。

二、海洋陈设工艺品产业

（一）海洋渔民画及其产业开发

海洋渔民画是由渔民作为创作主体，以海洋生产生活、海洋物产、滨海环境等为创作对象的当代美术作品。海洋渔民画表现的多是大海及与海有关的事物。变化莫测的海上环境、在风浪中搏命的生产经验等造就了海洋渔民画作品奇幻、神秘、抽象近乎怪诞的风格，赋予作品强烈的地域特色和民族意识以及浓厚的海洋生产生活气息。没有受过现代画技法教育的渔民画家们进行创作时，往往将不同时空、不同视点的物体，以及各物体的特征错综复杂地交织在一起，或者把自己感兴趣的事物和人物都描绘在一幅画面中，使画面不同于学院派作品，具有很大的生活容量。海洋渔民画不仅造型大胆，色彩丰富，而且构图视角多变，在同一画面里可以出现仰视、俯视、平视、侧视等。所以海洋渔民画从表现内容、表现形式、表现手法等多方面都呈现出海洋艺术特色，具有独特的风格。

---

① 谈敬德. 民间美术“灶花”——农家风情画. 南汇灶花非遗申请材料，2009－05－15.

舟山渔民画是中国海洋渔民画的代表。舟山渔民画兴起于20世纪80年代初期。1983年3月,浙江省群众美术工作会议在杭州召开,确定了舟山作为推动民间传统美术的试点基地。当时,上海金山农民画已经具有一定的知名度,舟山定海区文化馆组织人员前往上海考察学习金山农民画创作,而后组织有关人员集中进行创作。1987年11月,舟山渔民画在北京中国美术馆展出,获得了广泛好评。1988年1月,文化部命名舟山群岛定海、普陀、岱山、嵊泗四个县(区)为"全国现代民间绘画之乡"。1995年,中央电视台"书苑画坛"栏目专程来舟山拍摄渔民画专题片,渔民画盛极一时。90年代中期以后,舟山渔民画创作陷入了衰退,主要表现为艺术形式单调重复,渔民画家创作积极性不高。政府部门采取了一系列支持和鼓励的措施后,渔民画重新得到重视并逐渐走出低谷。2003年10月,"首届中国·舟山渔民画艺术节"举行,标志着舟山渔民画的复兴。2006年,舟山渔民画被列入第一批市级非物质文化遗产保护名录。①

21世纪以后,随着海洋文化产业化的发展,舟山渔民画逐渐从一种纯粹的民间艺术走向了市场,开启了产业化经营模式。经过市场开发,舟山的渔民画突破了平面画作的形式,发展出了立轴渔民画、沙雕渔民画、黑陶渔民画、磨漆渔民画、橡皮渔民画等多种形式。在产业开发方面,一是初步形成了渔民画作品交易平台,如渔民画专卖店、海边画廊等。这是舟山渔民画产业化开发的第一步。另一方面,舟山成立了渔民画创作基地,初步确立了舟山渔民画品牌。东极岛、六横岛、沈家门和蚂蚁岛是四个比较成熟的渔民画基地。渔民画的创作、讲座、培训、参观和研讨等工作都集中在渔民画基地开展,不仅在人才培养、艺术交流方面具有积极的意义,在凝聚渔民画生产力量方面也具有重要

---

① 罗江峰. 舟山渔民画传承与发展研究. 浙江师范大学学报(社会科学版),2009(1).

意义。2014 年 4 月，舟山市渔民画产业协会成立，首批 70 余名会员加入协会。该协会的宗旨在于通过创作交流和产业发展，全面提升渔民画产业整体竞争力。2014 年 5 月，在第十届中国（深圳）国际文化产业博览交易会期间，以渔民画产业为专题的"舟山馆"集中展示了舟山渔民画产业发展成果，引发了海内外消费者浓厚的兴趣。"现场交易总额刷新以往参展交易纪录，突破 30 万元，达成意向订单额 500 多万元，签订合作商 5 家，其中 2 家为长期供货商，并有多家采购商表示将进一步与本地企业沟通，洽谈合作事宜。"①

（二）龙虾工艺画及其产业开发

龙虾是民众喜食的海产珍品。龙虾外形威猛，也是很多海洋故事传说的主角。福建、海南等沿海地区民众对龙虾的用途进行了开发，除了食用外，更将其开发为别具风格的工艺品——龙虾标本工艺画。龙虾标本工艺画在制作时，首先要将活龙虾剔去鲜肉，保留包括脚、刺在内的完整躯壳，然后洗净晾干，经过防腐处理后依照自然姿态，钉在漆板上，并配以礁岩、珊瑚、螺蚌、海藻，衬以绘有海水的画面，装在玻璃框内，形成构图新颖、造型逼真、色彩斑斓而又蕴含动感的海底世界画面。目前，龙虾工艺画开发得比较好的是海南南海龙虾工艺画，但影响较小，尚未形成规模生产。

（三）沙雕画及其产业开发

沙雕画是从沙雕中衍生出来的一门现代艺术。从材料上来看，沙雕画所使用的是经过特殊加工制作的沙。沙雕画通过沙与水的配合，将绘画与雕刻完美地结合，丰富了绘画的表现形式，其内容包括人物、动物、卡通形象、神话传说、宗教等，产品精致，格调

① 舟山渔民画亮相第十届深圳国际文化产业博览会. 舟山市委宣传部官方网站"舟山宣传"，2014－06－12[2015－12－01]. http：//www.zs-xc.cn/article/show.php?itemid-2062.html.

高雅,具有浓郁的海洋特色。在沙雕作品完成以后,需要向表面喷洒特制胶水进行加固,一般情况下可以长期保持。舟山是沙雕画最早的诞生地,多以本地沙为原料,沙色质地较白,广受欢迎。其沙雕画产品主要作为工艺品、礼品销售。

目前,我国海洋工艺品产业的开发还存在着一些问题:第一,海洋工艺品产业发展缺乏行业规划以及来自政府的相关政策、资金的扶持,产业无法做大;第二,我国沿海地区的海洋工艺品雕刻、加工、制作企业中,有不少是家庭作坊式的小规模企业,无法完成从原料收购到产品上市的一系列产业链,容易受市场波动影响,生产和经营的市场化程度不高;第三,我国海洋工艺品企业品牌意识不强,眼光不够长远,行业联动性不强,也缺乏行业骨干企业的带动。

(四)椰雕工艺品及其开发

椰雕是海南岛著名的传统海洋工艺品,具有浓厚的地方色彩和独特的艺术风格。2 000 多年前,海南民众就已经使用椰壳制造出单壳碗,此后椰壳被日益广泛地用于制造各种日常用具。在长期的制造过程中,民间艺人在椰壳制品上进行创作,比如雕刻山水、花卉、鱼虫、禽兽等图案,使日常用具成为工艺产品。唐代已经有关于椰雕的记录。《琼州府志》载:"椰子内有坚壳,大者可为碗,小者可为杯,并以白色为贵,注酒遇毒辄沸起。唐代李卫公征蛮时,常配一椰杯带于怀中。"到了宋代,技艺精巧、造型优美、古朴雅致的椰雕工艺品就已经成为皇室贡品,有"天南贡品"之称。现藏于故宫博物院的清代雍正时期椰雕云龙纹碗就是一件椰雕艺术精品。碗高 8.3 厘米,直径 17.6 厘米,足径 8.6 厘米。碗体圆形,敞口,圈足,内涂朱漆,外壁以浅浮雕刻海水流云腾龙纹。碗体由 11 块椰壳雕刻后再拼接而成,壁薄体轻,刻工精细,花纹精美。①

① 故宫博物院.故宫博物院 50 年入藏文物精品集.紫禁城出版社,1999:135.

椰雕属于木雕工艺之一，按照材料可分为三类：椰壳雕、椰棕雕和椰木雕。椰壳雕是最常见的椰雕形式，主要是利用椰子壳的天然形态，按设计将椰壳和贝壳嵌镶结合，拼接成工艺品，其产品形态包括椰碗、茶叶盒、牙签筒、烟灰缸、花瓶等；椰棕雕是根据椰棕的自然肌理效果，采用切、割、烫等方法加工成工艺品，其产品形态主要是各种人物和动物造型；椰木最初被用作建造房屋的材料，后来被开发为筷子、发夹等产品。在椰雕工艺漫长的历史发展过程中，其工艺由简单向复杂发展，涉及编合、镶银、镶木等工艺，其花色品种也得到了丰富，逐渐发展为浮雕、沉雕、通花、油彩、嵌贝壳和嵌石膏上彩等六大类。目前，椰雕品种已经发展到千余种，产品包括餐具、茶具、花瓶、台灯以及各类挂屏和座屏等，并远销日本、美国、英国、法国等十几个国家。

（五）海洋民间剪纸及其产业开发

剪纸，又称剪花、窗花、铰花、喜花。在中国传统民间艺术中，剪纸是发源较早、流传广泛的一种民间艺术表现形式。剪纸蕴含着中华民族悠久的历史和丰富的人文信息，具有很高的美学价值。

海洋剪纸艺术深受传统剪纸中常见的窗花的影响，自然保留了窗花造型优美，构图均衡饱满，讲求装饰效果等许多特征。同时又具有独特的海洋文化特色，其作品主题围绕滨海民众的海洋生产生活以及滨海环境展开，既有反映海洋生产的捕鱼、晒鲞、拾螺、赶海等主题，又有反映鱼鳖虾蟹等海洋生物的主题，还有反映海岛居民日常生活、年俗节庆的主题。其中鱼、虾图案处理得尤其精美，剪纸艺人巧妙地将鱼鳞、虾甲嵌入荷花、石榴、佛手等图案和吉语，内含“年年有余（鱼），吉祥如意”之意。海洋生产生活以及水族海鲜题材的广泛应用，使海洋剪纸与中原剪纸有了明显区别。在独特的海洋民俗文化活动浸染下，海洋剪纸无论在题材的选择，还是在艺术表现手法等方面，都体现了浓郁的海洋民俗文化背景与乡土文化特色。嵊泗、定海和温岭等地区的海洋剪纸艺术尤其出名，其中温岭剪纸艺术被列入省级非物质文化遗产名录。温岭还曾先后承办过1989年浙江省第三届民间剪纸年会和2001年浙江风情剪纸展览，涌现出一批有影响的剪纸艺人。

第七章　中国区域海洋文化及其产业发展

中国海被划分为渤海、黄海、东海和南海四大海区。依照四大海区的分布，大致可以将中国沿海地区划分为渤海沿海地区、黄海沿海地区、东海沿海地区和南海沿海地区这四大沿海区域。在漫长的历史发展过程中，中国四大沿海区域形成了各自不同的海洋文化特征和内涵。这种差异的形成既与四大海区的地质构造、海水深度、海水温度、海洋面积、海洋资源等情况有关，又受到沿海区域所属的内陆区域的政治、经济、文化和社会发展情况的影响。在此基础上，四大沿海地区的海洋文化产业发展路径和重点也各自不同。

一、渤海沿海地区海洋文化产业

（一）概述

渤海古称沧海、北海，是黄河、辽河、海河三大水系汇聚的半封闭陆架浅海，主要由辽东湾、渤海湾、莱州湾、渤中洼地及渤海海峡组成，总称“三湾一峡一盆地”，东面有渤海海峡与北黄海连通，其余三面被辽宁、河北、天津和山东包围，面积约为7.8万平方公里。辽东湾位于渤海北部，渤海湾位于渤海西部，莱州湾位于渤海南部。[①] 渤海沿岸港口多，是我国华北、东北、西北的出海要道。

渤海区域海洋资源主要类型有渔业资源、港口资源、石油及矿物资源、海盐资源、景观资源和滩涂资源等。以渔业资源为例，由

---

① 徐晓达等. 渤海地貌类型及分布特征. 海洋地质与第四纪地质，2014(6).

于辽河、滦河、海河、黄河等带来大量泥沙,渤海海底平浅,饵料丰富,是鱼类的天然产卵场所和重要渔场。“渤海渔业资源种类有44科,102种,主要以食性级低、生命周期短的浮游生物和虾蟹类为主,它们分别占渤海总渔获量的38%和30%左右,中上层鱼类和底层鱼类共计占28%左右,头足类不足0.1%。暖水性种类数量很大,形成相当可观的资源量,是重要的捕捞对象。”①此外,渤海是我国海洋生物和油气资源的主要产区之一。渤海沿岸早在古代就盐场密布,其中西岸的长芦盐场最著名。

环渤海地区是指环绕着渤海全部以及黄海部分地区所组成的广大经济区域。从行政区划来看,环渤海地区包括直辖市天津,河北省秦皇岛、唐山、沧州,山东省烟台、威海、青岛,辽宁省大连、丹东、营口、盘锦、锦州和葫芦岛等沿海城市。从地理上看,环渤海地区与环黄海地区有大量的重叠区。为了避免重复,山东半岛区域将放在环黄海地区论述。环渤海地区地处东北、西北、华东地区的结合部,以这三大地区为广阔腹地,成为沟通太平洋的海上门户。

环渤海地区为典型的温带气候,四季分明、宜人,自然风光秀丽,主要的滨海文化资源包括海岸带的自然景观、人文景观和工业旅游资源。环渤海滨海地区山地与平原云集,海岛数量众多,集滨海休闲度假和陆地观光于一体,风光旖旎。环渤海地区的海滩资源闻名遐迩,以“阳光、沙滩、海水”闻名远近。

环渤海经济圈是全国最具经济活力的地区之一。海洋文化产业的发展状况与区域经济发展整体水平也息息相关。环渤海经济圈内辽东半岛、天津、河北等地都拥有雄厚的工业基础,既有钢铁、煤炭、石油等资源类产业,又有电子、汽车、纺织、机械等传统产业,还拥有生物制药、新材料、光电一体化、太阳能等高新技术产业。雄厚的工业基础大大提高了环渤海经济圈的整体经济实力。发达

---

① 刘容子. 中国区域海洋学——海洋经济学. 海洋出版社,2012:80.

的工业基础促进了区域经济从重工业向现代服务业转型,社会消费结构向发展型、享受型转型。相当部分现代都市人的消费重心开始向体验、文化、旅游转移。环渤海经济圈的工业基础、经济实力对海洋文化产业发展起到了良好的助推作用。

环渤海地区拥有众多历史文化古迹。从古至今,这一地区都是历代王朝发展繁盛之地,历史遗迹众多,保留了大量古代建筑和名人古迹,拥有秀美的园林风光。同时,环渤海地区是中国新民主主义革命的主要根据地,目前留存了大量革命遗址,众多"红色旅游"项目逐渐兴起。环渤海地区文化发达,北方游牧文化、南部海洋文化以及中原文化与西洋殖民地文化都在此交融积淀,形成了丰富璀璨的建筑、民俗、宗教等诸多文化资源。对当地海洋文化产业而言,得天独厚的文化资源潜力,为环渤海地区海洋文化产业发展提供了源头活水。

在区域海洋经济中,环渤海地区海洋生产总值排在国内首位,2012 年占全国海洋生产总值的比重为 37.96%,高于长江三角洲地区和珠江三角洲地区。① 随着京津冀一体化政策的实施,环渤海经济圈加快产业结构转型升级,海洋文化产业迎来了空间巨大的生长期。

(二) 区域海洋文化产业个案

1. 秦皇岛海洋神话传说产业开发

秦皇岛市是河北省东端京沈线上的重要城市之一,北依燕山,南临渤海,东与辽宁省接壤,西与唐山市毗邻。相传,秦皇岛因秦始皇东巡驻于此,并派人从这里渡海求仙而得名。秦皇岛是全国首批 14 个沿海开放城市之一,是中国北方重要的对外贸易口岸,拥有著名的风景区山海关、北戴河。

秦皇岛市是一座历史悠久的古城。在商周时期,秦皇岛地区

① 环渤海地区海洋产值国内居首.青岛日报,2012-04-26(2).

就是孤竹国的中心区域。春秋时期,肥子在此地建肥子国。秦汉时期,这里是东巡朝拜和兵家必争之地。秦始皇第四次出巡到碣石,刻辞碣石门,并派方士入海求仙人和不死之药。汉武帝东巡观海,到碣石筑汉武台,并在此用兵攻朝鲜。三国时曹操率兵北伐乌桓,取道渤海之滨时曾临碣石,并留下《观沧海》一诗。隋唐时期,这里是抵御关外突厥、契丹的战略要地。在漫长的历史发展过程中,秦皇岛地区留下了大量的文学艺术,其中不少民间神话传说富有海洋文化特色,是海洋文化产业开发的重要文化资源。

秦皇岛神话传说数量众多、内容丰富,其中不少都已经被列入国家级、河北省级以及秦皇岛市级非物质文化遗产保护名录,如:山海关孟姜女传说、古孤竹国伯夷叔齐传说、碣石山、八仙过海、老马识途、李广射虎、萧显写匾、玄鸟生商等等。秦皇岛名称由来的传说是一则在当地妇孺皆知的地方风物传说。传说秦皇岛是"秦皇求仙入海处",《史记·秦始皇本纪》记录了秦始皇求仙的传说:"三十二年,始皇之碣石,使燕人卢生求羡门、高誓","始皇巡北边,以上郡入,燕人卢生使入海还,以鬼神事,因奏录图书,曰'亡秦者胡也'。始皇乃使将军蒙恬发兵三十万北击胡,略取河南地"。公元前215年,秦始皇前往碣石,派人到海中仙山上访求传说中的仙人羡门、高誓。始皇巡视北部边界后,经由上郡返回京城。被派入海求仙的燕人卢生回来了。他奉上了宣扬符命占验的图录之书,上面写着"灭亡秦朝的是胡"。据说这个"胡"字是指胡亥,可是始皇没有理解,就派将军蒙恬率兵30万去攻打北方的胡人,夺取了黄河以南的土地。秦皇岛来历的传说是古代历史与地方景观相结合的传说叙述,展示了秦皇岛的帝王文化、山海文化等文化风貌,反映了秦皇岛先民在海中拼搏求生的历史和勇于探索的精神。

秦皇岛神话传说赋予秦皇岛历史遗迹和滨海环境海市蜃楼般奇异灵秀、虚无缥缈、扑朔迷离的色彩,将人与地方通过文学艺术这样一种媒介亲近地联系起来,容易形成对秦皇岛文化的认同,并产生共鸣。这些海洋文艺资源是海洋文化产业中最活跃的资源。秦皇岛根据地名来历的传说开辟了“秦皇求仙入海处”景区,开展海洋旅游产业开发。“秦皇求仙入海处”占地19公顷。整体景区建设融古建筑、园林、雕塑艺术为一体,由战国风情区、秦皇求仙苑、仙人祠以及游乐园等部分组成。景区大门为秦风阙门,横匾上书“秦皇求仙入海处”。战国风情景区根据战国七雄齐、楚、燕、韩、赵、魏、秦等国的政治、经济、军事、文化和风土人情等特点修建。秦皇求仙苑的主要构成部分是求仙殿和求仙路,是景区的中心建筑。这里浓缩了秦代的重大历史事件和传说,突出了秦始皇拜海求仙的壮观场面。比如在“求仙路”上,有一座高6米,重80吨的秦始皇立体雕像屹立海边。

此外,秦皇求仙入海的传说还进行了影视产业开发,全球首部真人实景环幕4D影片《秦皇求仙》于2011年11月在秦皇求仙入海处景区的动态全景馆举行了首映仪式。《秦皇求仙》采用先进环幕立体实拍技术以及电脑立体影像技术打造,讲述了秦始皇统一六国之后,会见方士求仙问道,出海寻求长生不老仙药的故事。影片的拍摄进一步发掘了秦皇入海求仙传说的文化价值,有助于秦皇岛海洋文化产业的进一步开发。

2. 天津海洋信仰文化产业开发

天津位于华北平原海河五大支流汇流处,东临渤海,北依燕山,海河在城中蜿蜒而过,海河是天津的母亲河。隋朝修建京杭运河后,位于南运河和北运河的交会处的一块陆地就是天津最早的发祥地,史称三会海口。传说明代燕王朱棣率军南下,从天津三岔口渡河袭取沧州进而攻入当时明朝首都南京,夺位成功。朱棣登基后,认为路过的三岔河口是风水宝地,将其命名为“天津”,意为“天子渡津之地”。天津由此得名。明代永乐年间,天津正式筑城。天津因漕运而兴起,与漕运相关的海洋信仰异常发达,围绕着海洋信仰而进行的产业开发具有地方特色。

天津天后宫始建于元泰定三年(1326 年),原名天妃宫,俗称娘娘庙,是北方妈祖文化的传播中心。元代实行大规模的南粮北运,先是河漕,后改为海漕。海漕大大降低了运输成本,节约了运输时间,因此运量与年俱增,呈现"东吴转海运粳稻,一夕潮来集万船"的盛景。天津是海漕的终点,漕粮到天津后由陆路转运至北京。因此天津港成为南粮北运、舟船集散的繁盛码头。漕运的兴盛促发了祈求航运平安的需求,宋代起就已经在东南沿海备受崇信且得到国家祭祀的妈祖就成为天津港供奉的航海保护神。天津的天后宫最初位于大直沽,后来随着小直沽人流量的增多,那里又修建了一座香火更盛的天妃宫西庙。从元至清,天津天后宫香火一直很盛。元代张翥《代祀天妃庙次直沽作》描写了皇帝派遣官员代祭天后盛况:"晓日三汊口,连樯集万艘,普天均雨露,大海静波涛。入庙灵风肃,焚香瑞气高。使臣三奠毕,喜色满宫袍。"妈祖的信众主要是江海船工,不少诗里就描绘了江海船工祭祀天后的情形:"天后宫前舶贾船,相呼郎罢祷神筵"(清·汪沆《津门杂事诗》),"刘家巷里如云舶,部祷灵慈天后宫"(清·蒋诗《沽河杂吟》)。随着妈祖信仰的传播,农民也成为妈祖的信徒,成群结队来给天后娘娘进香:"三月村庄农事忙,忙中一事更难忘,携儿结伴舟车载,好向娘娘庙进香。"(清·王韫徽《津门杂咏》)后来,随着清朝海禁政策的实施,天后护佑航海的功能逐渐削弱,衍生出妇女儿童保护神、地方保护神等职能,信仰群体从水工船工进一步扩大到几乎全体民众。

天后宫在天津城市历史发展上具有重要意义。在天后宫修建 78 年以后,明永乐二年(1404 年),在天后宫近旁,天津卫设立。因此天津地区有"先有天后宫,后有天津卫"的俗谚。正是天后信仰发达所代表的漕运的兴盛成就了一座城市。

农历三月廿三日是娘娘的生日,每年这天天后宫都举行"皇会”，表演高跷、龙灯、旱船、狮子舞等，形成了天后宫大庙会。此外还有天后宫庙会日常小庙会。日常小庙会也称“宫前集”，也就是天后宫前集市，在每月初一、十五两天。因为这两天信众集中进香，天后宫前人流量大，吸引了大量小商贩与民间艺人。后来，在农历正月也举行大型庙会，因为传统春节中也是天后宫一年中香火最旺的时期。民众烧香敬神祈求来年平安，采买年货准备春节，天后宫前的集市也相当热闹，形成了酬神敬神、人神双娱、商品交流的隆重庙会。

天后宫庙会集民间信仰、娱乐与商品交流等多种功能为一体。在庙会的影响下，在天后宫周边出现了一批商铺、茶馆等，并形成了天津最著名的商业街——宫南宫北大街（今古文化街）。天津当代古文化街大多是仿清代建筑。街内有近百家店铺，主要经营文化用品、古旧书籍、民俗用品、传统手工艺品等。著名的杨柳青年画、泥人张彩塑、风筝魏风筝、刻砖刘砖刻等都在这里设了专门店铺。

除了大小庙会以外，天后宫还在每年的农历腊月廿三举行春祭大典。春祭的本意就是在春天刚到来的时候，用隆重的仪式祭祀祈福，希望新的一年国泰民安、风调雨顺。天津天后宫春祭大典是古代国家祭祀天后仪式的遗存。春祭大典中要举行独具津门特色的恭迎值年太岁仪式，此外还紧密结合现代社会的文化需求和时代精神，举行各种公益慈善活动，赋予传统仪式以新的文化内涵。目前，天后宫春祭仪式已经成为天津传统年文化中的一个重要活动。

二、黄海沿海地区海洋文化产业

（一）概述

黄海得名于其浅黄色的海水，它是一个南北向的半封闭浅海，与渤海相连。黄海北接中国辽宁和朝鲜平安南北两道，东与朝鲜半岛为邻,东南至济州海峡西侧,并经朝鲜海峡与日本相通,西临山东半岛和苏北平原,南与东海相连。黄海平均水深 44 米,面积约 38 万平方公里,最大水深位于济州岛北侧,达 140 米。① 黄海南部有一系列小岩礁,与济州岛连成一条东北—西南方向的岛礁线,成为东海和黄海的天然分界线。

黄海区域拥有丰富的海洋资源。以渔业资源为例,黄海属于典型的陆缘浅海,生物资源丰富,是著名渔场。黄海中由于全年都有中央底层冷水存在,因此真鳕、鳒及高眼鲽等冷水性鱼类资源相当丰富。黄海海域鱼类约有 200 种,虾蟹等甲壳类和乌贼、蛤、螺等软体动物超过 200 种,此外还有海蜇等海产动物。② 每年春天,大量海洋鱼类从越冬场经黄海西岸北上,带来了渔业上的春汛,形成了黄海的三大渔场:石岛渔场、大沙渔场和吕四渔场。黄海最重要的浮游生物资源是中国毛虾、太平洋磷虾和海蜇,主要经济鱼类包括小黄鱼、带鱼、鲐鱼、鲅鱼、黄姑鱼、鲷鱼、鳓鱼、太平洋鲱鱼、鲳鱼、鳕鱼、蓝点马鲛、叫姑鱼、白姑鱼、牙鲆等。

环黄海地区包括大连、天津、青岛、烟台等城市,属于"环黄海经济圈"。这一区域滨海旅游资源丰富,"中国有滨海旅游景点 1 500 多处,优质海滨沙滩 100 多处,环黄海区域占有全国滨海资源的 30% 以上,其中包括青岛海滨、北戴河海滨,全国 8 个国家级滨海旅游度假区中有 2 个位于本区范围内,是青岛的石老人和大连金石滩;中国 23 个主要滨海城市中有 5 个位于该区域,它们是大连、天津、青岛、烟台和威海"。③ 本部分的论述主要以山东半岛区域为主,兼及辽东半岛。

山东半岛经过几千年的发展形成了底蕴深厚的齐鲁文化圈。

---

① 李国强等. 祖国的海洋. 中国言实出版社,2013:34.

② 刘容子. 中国区域海洋学——海洋经济学. 海洋出版社,2012:162.

③ 王琳. 区域旅游合作趋势与环黄海大旅游圈的战略创新. 天津大学学报(社会科学版),2007(5).

这里是儒文化的发源地，历史人文资源尤其丰富，有多处国家级风景名胜区和历史文化名城。曲阜、泰山是著名的文化旅游胜地，青岛、威海、烟台是美丽的滨海城市，气候、环境宜人。在这一区域青岛、烟台、威海、日照等连成一片，成为中国独有、世界少见的滨海旅游城市群。山东半岛海区及气候条件优良，多次成为大型国际赛事的比赛训练中心。2011 年初，山东半岛蓝色经济区建设正式上升为国家战略，这是我国第一个以海洋经济为主题的区域发展战略。海洋文化产业建设是山东半岛蓝色经济区建设的重要内容。

青岛和大连是我国在黄海沿岸的两大港口城市。大连港位于黄海的最北端，港阔水深，万吨货轮可轻易通过。大连境内有 24 个港口，是我国最大的港口群，也是我国目前港口密度最高的“黄金海岸”。[①] 大连也是中国著名的避暑胜地和滨海旅游城市，有丰富的旅游资源，大连国际服装节、烟花爆竹迎春会、赏槐会、国际马拉松赛等大型活动每年都吸引了众多游客。

（二）区域海洋文化产业个案

1. 青岛海洋文化产业开发

青岛一带早在四五千年前就有人类居住，夏商时代为莱夷属地，西周为莒、莱、夷、介等诸侯国属地，春秋属齐，秦代属胶东郡、琅琊郡，汉代属琅琊郡、胶东国、东莱郡，隋唐宋元属胶西县、即墨县、胶水县等，明清时期属胶州、即墨县。“青岛”在明嘉靖年间只是一个岛屿的名称，到明万历年间成为海口的名称——青岛口，这是青岛港的前身。青岛建制始于 1891 年清政府批准的在胶州湾设防。1898 年 10 月，德皇将胶州湾租借地内的市区称为青岛。德国、日本先后在近现代时期侵占青岛地区，直到 1922 年底中国才收回青岛，并将其辟为商埠。1929 年，南京国民政府接收青岛，

① 雷宗友. 探秘海洋. 湖北科学技术出版社，2013：107.

设立青岛特别市政府，1930 年改称青岛市政府。1938 年 1 月至 1945 年 9 月，日本第二次侵占青岛。1949 年 6 月 2 日青岛解放，后成立青岛市人民政府。青岛港是太平洋西北岸重要的国际贸易口岸和海上运输枢纽，与世界上 130 多个国家和地区的 450 个港口有贸易往来，是世界十大港口之一。[①] 青岛也是美丽的海滨旅游城市，拥有久负盛名的海洋景观，每年夏季都会吸引大批的国内外游客。

青岛具有发展海洋文化的得天独厚的自然地理条件，丰富的历史文化资源，以及雄厚的海洋产业和人力资源基础，在海洋节庆文化产业和海洋休闲体育产业方面发展较好。

(1) 青岛海洋节庆文化产业

在我国海洋发展战略加快实施，海洋经济功能布局不断扩展的大背景下，青岛市通过举办海洋节庆活动大大推动了海洋文化产业和海洋经济的发展，现已形成了以海洋节庆为特色的节庆活动集群，如每年举办的中国青岛国际海洋节、金沙滩文化旅游节、田横祭海民俗文化节、红岛蛤蜊节、青岛国际帆船周、中国国际航海博览会、灵山湾拉网节、南海之情旅游节、胶南徐福节等。在这一系列的海洋节庆文化活动中，青岛注重提高国内外游客的参与度，注重节日活动与本地民俗文化的交融，并以此提高城市知名度，形成了独具特色的青岛海洋节庆文化产业集群。

中国青岛国际海洋节始于 1999 年，在每年 7 月举办，是国内唯一以“海洋”命名的节日。该节日活动内容丰富，包括开幕式、海洋科技、海洋体育、海洋文化、海洋旅游、海洋美食、闭幕式等数十项。青岛海洋节以“拥抱海洋世纪，共铸蓝色辉煌”为主题，以保护海洋、合理开发利用海洋资源和实现人类经济与社会可持续发展为目标，在倡导科技创新、发展海洋经济和国际间友好合作等

---

① 雷宗友. 探秘海洋. 湖北科学技术出版社，2013：107.

方面作出了不懈的努力。

青岛国际帆船周始于2009年,每年8月的第三个周六开幕,是经国家体育总局批准,由国家体育总局、国家海洋局、国家旅游局、北京奥运城市发展促进会与青岛市人民政府共同举办的重大节庆活动,为期两周,主要内容是包括奥帆文化交流、国际帆船赛事、国际帆船论坛、帆船产业、帆船普及、文化体育等六大板块在内的近百项帆船赛事文化活动。青岛国际帆船周致力于传承奥运精神,开拓国际视野,搭建国际交流平台,充分发挥蓝色经济区的优势,整合文化、体育、娱乐、产业等资源,打造亚洲一流、国际知名的高端帆船赛事节庆品牌,不断提高青岛在国际帆船运动领域的知名度和影响力。

(2) 青岛海洋休闲体育产业

青岛奥帆中心是青岛海洋休闲体育产业的重要活动基地。总投资32.8亿元人民币的奥帆中心占地面积约45公顷,于2004年5月25日奠基。奥帆中心在场馆建设中充分运用先进技艺,开发利用风能、太阳能、海水源等绿色能源,全面采用环保建筑装饰材料,形成了集循环经济和三大奥运理念为一体的现代化奥运场馆。在青岛奥帆中心曾举办过北京2008奥运帆船赛、残疾人奥运帆船赛等多次国际帆船赛事。①

2008年北京奥运会的帆船比赛对青岛的城市发展和经济发展发挥了良好的助力作用。奥运会结束后,奥运村等设施被开发为休闲旅游度假区。奥帆中心规划时就确定了“比赛功能”和“旅游功能”的快速、双向切换,比赛时满足帆船比赛各种需要,赛后为休闲旅游度假区。青岛奥帆中心奥运分村现由海尔集团接管经

---

① 建筑节能装点青岛奥帆中心. 科学时报,2007－08－03(3).
青岛奥帆中心概况. 半岛晨报,2007－09－03(A21).
32.8亿打造奥帆中心 青岛要为北京奥运扬帆远航. 半岛晨报,2007－09－03(A21).

营，成为青岛首家钻石五星级大酒店，助力青岛市休闲文化产业的发展。青岛奥帆中心现在是中国海滨旅游休闲度假试验区核心区。它的多种功能和多重身份使其既可以利用“世界一流，亚洲第一”的帆船运动设施举办大型国际赛事，还可以进行特色海洋休闲体育文化产业开发，使休闲体育与游艇、邮轮、会展、大型海上实景演艺、海上旅游、大型会议、婚庆等有机结合。这种发展思路提升了城市品牌的知名度，海洋休闲体育产业成为青岛进行城市推介的重要窗口。

2. 日照海洋休闲体育产业开发

日照是山东省的港口城市，因“日初出光先照”而得名，享有东方太阳城的美誉。日照是龙山文化的重要发祥地，境内已发现两城遗址、陵阳河遗址、丹土遗址、东海峪遗址等。其中的陵阳河遗址出土了我国最早的原始陶文，比甲骨文早了1 000多年。日照拥有丰富的历史文化资源，齐长城遗址、莒国故城等一批旅游景点是其灿烂文化史的证明。日照空气质量好，街道宽阔，环境优美，拥有从南到北60多公里的金沙滩，被誉为“中国沿海未被污染的黄金海岸”，是城市主要景观带。因此在日照市海洋文化产业各门类中尤其适合开发海洋休闲体育产业。

2005年初，日照市委市政府明确提出了发展体育经济，打造国际“水上运动之都”的战略构想。2007年8月，日照市成功承办了全国首届水上运动会。同年9月，中国奥委会正式命名日照水运比赛场地为“日照奥林匹克水上公园”。作为日照打造“水上运动之都”的点睛之笔，现在该公园已被确定为国家级全民健身基地、国家水上运动训练基地、国家沙滩排球训练基地和中央电视台体育频道外景拍摄基地。

日照奥林匹克水上公园由生态广场、灯塔广场、世帆赛基地、水上运动基地四部分组成。水上公园兼具体育休闲和旅游功能，可以同时举办所有水上运动比赛项目，更是发展游艇等海上休闲健身运动的理想之地。在经历了世界帆船锦标赛、两届全国水上运动会等一系列赛事之后，各种基础设施及配套设施的功能更加完善。在比赛时间以外，水上公园所有竞技设施以及综合配套服务设施均向市民和游客全天候开放，成为当地一处有名的休闲体育乐园。

3. 烟台海岛休闲渔业开发

烟台古称之罘，后称芝罘，历史悠久，距今约一二万年以前就有人类在这里繁衍生息。芝罘在中国历史文化发展上具有重要地位，历代帝王都十分重视对这里的统治，秦始皇曾三次登临芝罘岛，汉武帝也曾驾临芝罘行大典。公元 631 年，日本第一批遣唐史从芝罘岛登陆中国。目前许多国家的航海图上仍以“芝罘”代表烟台。1398 年，为防海寇侵扰，在芝罘筑狼烟墩台，又称“狼烟台”，烟台由此而得名。烟台依山傍海，气候宜人，是世界七大葡萄酒海岸之一。烟台沿海有大小基岩岛屿 63 个，面积较大的有芝罘岛、南长山岛、养马岛、崆峒岛等。海岛休闲渔业是目前烟台开发较好的海洋文化产业门类，尤以长岛县的海岛休闲渔业最为著名。

长岛县由 32 个岛屿组成，以其中的长山岛而命名，是山东省唯一的海岛县。全县森林覆盖率高达 53.2%，是国家森林公园、地质公园，中国十大最美海岛之一和省级海豹自然保护区。长岛县是多种海珍产品的极佳养殖基地，有“中国鲍鱼之乡”、“中国扇贝之乡”、“中国海带之乡”的美誉。长岛县最大的岛屿为南长山岛，它位于长岛县的南端，风光秀丽，气候宜人，先后被评为国家级自然保护区、国家级风景名胜区岛屿。

长岛县是我国较早开展海岛休闲渔业的地区，海岛休闲渔业开发的主要模式是“渔家乐”，起于 20 世纪末期，并迅速发展为当地特色旅游项目。2004 年，长岛“渔家乐”被国家旅游局授予“国家农业旅游示范点”，成为全国 306 个工农业旅游示范点中唯一一个带“乐”的农副业项目,也是国内知名的旅游品牌之一。长岛渔家乐主要是通过渔家大嫂、渔家美食、渔家号子等系列带有“渔”字色彩的渔家文化,参与、体验海岛生活,可以概括为“吃住在渔家、娱乐在渔村、览胜在景点、游乐在海上”。长岛渔家乐注重游客体验,鼓励游客参与富有乐趣的海洋生产劳动项目如拔蟹子笼、喊渔家号子、船上垂钓、加工海鲜等,让游客体验渔民生产劳动过程,感受海上生活的乐趣。长岛休闲渔业开发过程中还特别注意突出具有鲜明特色的渔业民俗,开发了祭拜妈祖、出海祭祀、喊渔家号子等以渔业信仰民俗、渔业生产民俗为基础的项目,从而提升了长岛渔家乐产品的质量,推动渔文化的传播。

目前,长岛渔家乐已发展为以旅游景区和休闲渔业为依托,以海洋风光和渔家生活为特色,以休闲度假、观光娱乐和体验劳作为内容,以旅游者吃住在渔家庭院为主的一项新兴旅游产业。近几年,长岛以“海上仙山”为主题,打出了中国北方“海岛度假中心、妈祖文化中心、休闲渔业中心”三大品牌,并且注册了“渔家海上游”、“小康渔家”的商标,为海岛渔家乐产品的进一步发展提供了平台和保障。

4. 威海海洋文化展示与教育研究产业开发

威海市三面环海,是山东半岛的最东端。威海在汉代名为石落村,元代改称清泉夼。明洪武年间,为防倭寇侵扰,设立“威海卫”,威海因此而得名。威海市是中国第一支现代海军的摇篮,也是甲午战争时期北洋海军的一个重要军事基地。威海境内海岸线上,有中国近代第一支海军的诞生地刘公岛、秦始皇东巡过的东方好望角“天尽头”成山头、中国道教全真派发祥地圣经山、凝聚中日韩三国人民友谊的赤山法华院、亚洲最大的天鹅栖息地天鹅湖、大东胜境——铁槎山、天下第一滩——银滩等名胜景观。其中刘公岛在海权文化的基础上进行的海洋文化展示与教育研究开发具有一定的代表性。

威海刘公岛位于山东半岛最东部、黄海北端，面积 3.15 平方公里，横亘于威海湾内，自古以来就是海防要塞，兵家必争之地。这里发生过多次大规模的战争，先后被日军占领，英军强租。中日甲午海战中，威海卫防御战历时 18 天，以威海卫沦陷、北洋海军全溃结束。北洋海军将士在此孤军奋战，宁死不降，谱写了震撼人心的悲壮战歌。威海防御战之前，丁汝昌曾表示："若两岸全失，台上之炮为敌用，则我军师船与刘公岛陆军唯有誓死拼战，船尽人沉而已。"①

海权文化主题反映了刘公岛最核心、最基本、最深厚的内涵。刘公岛海战遗存资源丰富，有北洋海军提督署、丁汝昌寓所、水师学堂、铁码头、黄岛炮台、旗顶山炮台、东泓炮台、日岛炮台、南嘴炮台、迎门洞炮台、北洋海军纪念馆等 28 处全国重点文物保护单位。刘公岛国家森林公园内有北洋海军忠魂碑、旗顶山炮台、忠魂碑炮台、公所后炮台、刘公亭、军魂亭等景点。刘公岛上的中国甲午战争博物馆被团中央公布为"全国青少年教育基地"，馆藏济远舰双联主炮为国内遗存最大的北洋舰炮。这些遗存资源和纪念场馆都是中国海权文化资源的一部分，为刘公岛发展海洋文化展示与教育研究产业发展提供了丰富的资源。

三、东海沿海地区海洋文化产业

（一）概述

东海，又称"东中国海"，是中国三大边缘海之一。东海西接中国大陆，北与黄海相连，东临日本的九州岛、琉球群岛和中国的台湾岛，南面通过台湾海峡与南海相通，是较开阔的大陆边缘浅海。东海面积 770 000 平方公里，平均水深为 1 000 余米。② 杭州

---

① 丁汝昌. 寄译署//丁汝昌集. 刻本. 1894（清光绪二十年）：315.

② 探索自然丛书编委会. 探秘海洋. 科学普及出版社，2012：30.

湾是东海最大海湾，长江、钱塘江、闽江及众多河流流入东海。

东海岛屿众多，东部各岛间有一系列海峡、水道与太平洋相通。中国沿海岛屿约有60%分布在东海海区，主要有台湾岛、舟山群岛、澎湖列岛、钓鱼岛等。东海属于亚热带和温带气候，利于浮游生物的繁殖和生长，是各种鱼虾繁殖和栖息的良好场所，因此被称为中国海洋生产力最高的海域。东海渔业资源丰富，有鱼类约600多种。主要经济鱼类有带鱼、大黄鱼、小黄鱼、鲳鱼、鳓鱼、鲐鱼、马面鲀，以及乌贼、牡蛎、毛蚶、海蜇等海产。其中，带鱼、大黄鱼、小黄鱼是三种最主要的传统型经济鱼类。舟山、渔山、温台、闽东等是东海海域的著名渔场。其中，舟山渔场是世界最大渔场之一，有“天然鱼仓”之称。东海凹陷带含油气资源丰富。比如南起台湾海峡，北到对马海峡这一带含油气远景区总面积可达25万平方公里。[①] 此外，东海沿海一带还蕴藏着具有良好开发前景的潮汐能等动力资源。

东海沿海地区指我国东海沿海领域省市组成的区域，行政上包括直辖市上海，浙江省的宁波市、舟山市、台州市、温州市，福建省的厦门、福州、漳州及泉州等城市。东海沿岸经济发达，包括了长三角经济区的大半部分及核心部分，另外还有由漳州、泉州、厦门构成的闽南金三角。随着“海上浙江”、“海上上海”、“浙江海洋经济发展带”、“海峡西岸经济区”等海洋经济战略的提出，东海沿海城市的海洋经济快速发展，为海洋文化产业的发展提供了良好的平台。

东海沿海区域拥有丰富的历史文化资源，孕育出了跨湖桥文化、河姆渡文化、马家浜文化和良渚文化等原始文化类型，发展出了海塘堤坝文化、渔港村落文化、海港码头文化、船政文化、海塞边防文化等军事生活生产文化式样，并形成了较为成熟的

① 探索自然丛书编委会. 探秘海洋. 科学普及出版社，2012：30.

海洋商贸文化、海洋移民文化、造船与航海技术文化等涉海对外交流文化。在海洋信仰方面，有观音、妈祖、保生大帝、关帝、龙神等海神信仰。

（二）区域海洋文化产业个案

1. 厦门海洋文化展示与教育研究产业开发

厦门是现代化国际性港口和风景旅游城市，别称鹭岛，位于福建省东南端，西接龙海，北邻南安，东南与大小金门和大担岛隔海相望，是闽南地区的主要城市之一。厦门是中国最早实行对外开放政策的四个经济特区之一，也是两岸新兴产业和现代服务业合作示范区、东南国际航运中心、两岸区域性金融服务中心和两岸贸易中心。厦门由厦门岛、离岛鼓浪屿、西岸海沧半岛、北岸集美半岛、东岸翔安半岛、大小嶝岛、内陆同安、九龙江等组成。

鼓浪屿是一座城镇型海岛文化旅游景点，是第一批国家5A级旅游景区之一，是福建“十佳”风景区之首，其海岛景色、历史建筑、人文景观融为一体，有“海上花园”的美誉。鼓浪屿的海洋文化展示与教育研究产业在厦门海洋文化产业门类中极富特色。

鼓浪屿的海洋文化展示与教育研究资源相当丰富，主要内容包括郑成功文化、海岛建筑文化、宗教信仰文化、海岛音乐等。鼓浪屿古称圆沙洲，1650年郑成功驻扎在鼓浪屿日光岩，并在岛上训练水师，在日光岩留下了拂净泉、寨门、水操台等遗址。位于日光岩内的郑成功纪念馆是国内外最权威的郑成功文化、延平文化研究机构。19世纪，鼓浪屿因其海岛地理具有特殊军事价值而沦为上海之后的第二个公共租界，开启了福建传统海洋文化与西方文化的碰撞。先后有13个国家在岛上设立领事馆，兴建了一批诸如古希腊三大柱式、罗马式圆柱、哥特式尖顶、伊斯兰圆顶式等异国文化风格的建筑。之后闽籍华侨也喜欢到岛上购地置业，又兴建了一批兼有中国传统文化风格和西方文化风格的中西合璧式建筑。这些建筑使鼓浪屿赢得了“万国建筑博览”的美誉；在成为公共租界以后,西方传教士相继到鼓浪屿建立教堂传教,如协和礼拜堂、福音堂、天主堂、三一堂和安献堂等。这些教堂及宗教信仰与鼓浪屿传统的佛教、道教信仰形成了鼓浪屿独特的中西混合的宗教文化遗产;西方音乐也很快在鼓浪屿兴起,并影响深远。鼓浪屿岛上音乐人才辈出,诞生了60多位具有国际影响力的音乐名人。在西方音乐的影响下,鼓浪屿不少普通居民都擅长演奏西式乐器,并有开家庭音乐会的传统。鼓浪屿的人均钢琴拥有率全国最高,因此有“琴岛”的雅称,后来被中国音乐家协会命名为“音乐之岛”。

依托这些丰富的海洋文化展示与教育研究资源,政府着力建造了许多相关的文化博物馆,并开展相关的节庆与展览活动。博物馆比如怀旧鼓浪屿博物馆、古城风云游览馆、闽南文化艺术馆、钢琴博物馆、东方鱼骨艺术馆、贝壳博物馆、厦门海底世界、厦门博物馆等。此外,鼓浪屿还是厦门大学海洋与地球学院实践基地,开展相关的海洋文化的学习、培训、研究活动;在展览活动方面,2013年为了庆祝菽庄花园建园百周年,鼓浪屿全年开展了“菽庄诗会”、“菽庄旧影特展”、“中国银器特展”、“菽庄花艺庆元宵”、“19世纪世界园林蛋白照片特展”等系列活动。同时还编印了《大航海时代与鼓浪屿》《诗书影画鼓浪屿》《鼓浪流韵》等书籍。这些文化展示场馆和活动各有特色,充分显示了鼓浪屿海岛文化特色和深厚的人文底蕴,使鼓浪屿在沿海海岛中脱颖而出。

2. 舟山群岛海洋文化产业开发

舟山群岛是中国沿海第一大群岛,位于浙江省东北部、长江口东南海面上。舟山群岛海域面积共2.2万平方公里,陆域面积1 371平方公里,由771个岛屿组成,其中舟山岛最大,面积为541平方公里,为我国第四大岛。[①] 舟山群岛背靠上海、杭州、宁波,是

① 郭豫斌. 海岛 · 海峡 · 海湾. 东方出版社,2013:67.

中国唯一以群岛设制的地级市。2011 年,在国家海洋经济战略决策下,舟山群岛被批准为舟山群岛新区,成为我国继上海浦东、天津滨海、重庆两江新区后又一个国家级新区,也是首个以海洋经济为主题的国家级新区。2009 年底,舟山跨海大桥通车,舟山从孤悬海中变成了与大陆相连直通。舟山跨海大桥将舟山同最为发达的沪宁杭地区紧密联系在一起,从而使其融入了长三角区域。

（1）普陀山海洋信仰文化产业开发

普陀山属舟山群岛众海岛之一,其名字来源于佛经,是观音菩萨道场,素有“海天佛国”、“海上仙山”的美称。因观音信众众多,所以普陀山在中国、东南亚、日本等国家和地区的佛教信徒及僧侣中具有很大影响力。每当普陀山观音香会节、佛教论坛或其他佛教节庆日时,总会有来自四面八方的信徒、香客、游人汇聚于此。以普陀山为代表的海洋型宗教文化有着不同于其他宗教文化的特色,普陀山众位神佛主要被赋予海上保护神的职能,此后才扩展到其他方面,如女性保护神、生育神等。在此过程中,普陀山的宗教性质和内涵日益扩大,观音文化也得到延伸。

每年 11 月,以弘扬观音文化,打造佛教文化名山为主要目的的佛教文化宣传盛会都会在普陀山举行。在此期间有各类大型朝拜法会、讲经法会、传灯祈愿法会、普陀山文化论坛、国际研讨会、莲花灯会、佛教音乐盛典、佛灯艺术展、普陀山素食大会、古船起航仪式、普陀山佛教用品展销会等一系列活动,吸引众多海内外佛教信徒、香客、游客汇聚于此。即使是那些没有佛教知识的非信众也可以在短时间里对宗教文化、普陀山文化、观音文化有深刻的感受。

每年农历二月十九、六月十九、九月十九日这三天是“普陀山三大香会期”,是普陀山最热闹的时期。大量信徒香客前往各寺院庵堂敬香礼佛。另外在每年阳春三月还会举办“普陀山之春”旅游节,以“生态景区,人文体验,游客互动,百姓同乐”为宗旨,使游客体验佛国的宗教文化氛围的同时,也让欢乐的节庆氛围感染游客,愉悦其身心。“普陀山之春”旅游节包括两岸禅文化养生论坛、音乐晚会、普陀山庙会、普陀山国际艺术展、普陀山世界青年林种植活动、普陀山国际马拉松赛、普陀山摄影展等多方位的生活、艺术活动。普陀山的其他节庆活动还有世界佛教论坛、普陀山南海观音文化节、普陀山佛博会等。普陀山的美丽海景与佛教文化意境集于一岛,融为一体。以佛教信仰为基础,通过深入挖掘和演绎佛教文化,积极创新宗教节庆文化载体,普陀山打造出了别具一格的海岛型信仰产业开发模式。

海岛型信仰产业开发的内容还包括各种佛教文化旅游纪念品。除了常见的佛珠、佛像、佛经、素食、佛教音像制品之外,普陀山还开发了新的旅游产品,将本地物产与宗教文化密切结合,创造出了佛香、佛兰、佛茶等产品。佛兰即以“芝元、大元宝、碧瑶”等上百种舟山兰花为基础,配以高雅的兰盆,以及详尽的护养说明书,并设计了便于携带的精美外包装,形成了独具舟山特色的佛教文化旅游纪念品。佛茶是普陀山产的莲花茶。该茶属绿茶品种,普陀山僧侣曾广泛栽培用以供佛和敬客,所以叫做“佛茶”。在设计开发时,为佛茶产品注册了原产地证明商标,并积极实施名牌战略,有力地推动了茶叶特色产业的发展。同时普陀山还组建了一支专业的佛茶表演队,可以为游客进行现场茶艺表演。

目前,普陀山已经初步形成了一套具有特色的以海洋信仰为核心的现代海岛旅游产业链。

(2) 桃花岛海洋影视产业开发

桃花岛位于浙江省舟山群岛东南部,是舟山群岛的第七大岛。“桃花”一名出自宋《乾道四明图经》。据记载:先秦隐士安期生隐藏在岛上白云山炼金丹,醉墨洒于山石遂呈桃花纹,故石称桃花石,山称桃花山。桃花岛具有独特的海岛风光,拥有山、海、沙、岩、洞、石、礁、溪、潭、瀑、林、鸟、花等海洋自然景观,以及寺庙、摩崖石刻、古代军事遗址、历史纪念地等人文景观。岛上的白雀寺相传为观音出家修行之所。1993 年,桃花岛成为浙江省省级风景名胜区。景区根据桃花岛得名的传说进行了开发,设立了安期峰景区,有安期炼丹洞、圣岩寺等景点。

而桃花岛的进一步开发则有赖于后来几部影视剧的取景拍摄。1996 年,谢晋拍摄电影《鸦片战争》时,在桃花岛上搭建外景地"定海古城",目前仍是桃花岛主要旅游景点之一。2001 年 9 月张纪中在拍摄《射雕英雄传》时建成 2.5 平方公里的射雕影视城。城中建设了《射雕英雄传》小说中描写的有关桃花岛的所有景物。2002 年,《天龙八部》在桃花岛拍摄时,留有大量拍摄道具。这三部影视剧的拍摄逐渐将桃花岛建设成以武侠文化为基础的公园式外景旅游地,并使桃花岛"侠名"远播。此后,新版《鹿鼎记》等影片也将此作为重要的拍摄外景基地。目前,桃花岛的射雕影视城已成为集影视拍摄、旅游、休闲、娱乐为一体的著名景点。

随着《射雕英雄传》的热播,桃花岛游客接待量出现爆发式增长,年游客接待量从 2001 年的 10 万余人猛增到 2003 年的 30 余万人。其后《天龙八部》《神雕侠侣》等影视剧热播后,桃花岛的知名度进一步提升。2006 年接待游客达 60 万人,到 2011 年游客人数已达 94 万人。①

四、南海沿海地区海洋文化产业发展

(一) 概述

南海又叫南中国海,是我国最深、面积最大的海,是世界第三大边缘海。它处于太平洋和印度洋之间的航运要冲,在经济上、国防上都有重要意义。南海北接广东、广西、台湾,东南至菲律宾群

---

① 王彦龙. 全景体验式主题景区的旅游开发探讨——以舟山桃花岛为例. 湖州师范学院学报,2014(2).

岛,西南至越南和马来半岛,最南边的曾母暗沙靠近加里曼丹岛。南海通过巴士海峡、苏禄海和马六甲海峡等,与太平洋和印度洋相连。南海中分布着许多岛、礁和沙滩,被称为南海诸岛,主要分为东沙群岛、西沙群岛、中沙群岛、南沙群岛和黄岩岛四个岛群。其中南沙群岛南端的曾母暗沙是我国领土的最南端。

南海大部分海区地处热带,非常适合珊瑚的繁殖。除海南岛等北部几个岛屿属大陆岛外,其余多数属于珊瑚岛。南海海域自然资源丰富,包括大量海岛植物资源、海洋鸟类资源以及渔业资源等,南海北部浅海地区富含石油和天然气资源。南海海域水产丰富,盛产海参、牡蛎、马蹄螺、金枪鱼、红鱼、鲨鱼、大龙虾、梭子鱼、墨鱼、鱿鱼等热带水产。

南海沿海地区指我国南海沿海各省市组成的区域,省级行政单位包括广东、广西和台湾。此外,海南岛[①]也属于南海区域。南海沿海区域经济由珠三角经济区牵头,兼有海南经济特区、北部湾经济区。以上述三大经济区为依托,南海沿海各省区的海洋经济快速发展,以滨海旅游、海洋渔业、海洋油气发展最具成效,对当地产值贡献最大,同时海洋文化产业的发展也成绩斐然。

南海沿海地区拥有丰富的海洋文化资源:有动人的神话传说,如珠还合浦及三娘湾神话;有丰富的海神信仰,如南海神、龙神、龙母、雷神、飓风神、天妃、关帝等;有精彩的民间艺术,如湛江人龙舞、汕头达濠渔歌等;有众多的海洋历史遗迹,如“海上敦煌”——阳江“南海1号”、海上丝绸之路北海史迹、崖州古城、贝丘遗址、十三行遗址、虎门炮台遗址,还有很多古老的渔村渔港分布在各沿海城市。南海各沿海地区和海岛还居住着许多涉海少数民族和其他人群,形成独特的民族民俗风情文化,如京族文化、疍

---

① 严格来说,海南岛是岛屿而不是沿海地区,但本书将海南岛的海洋文化产业归入南海沿海的海洋文化产业。

民文化、客家文化、黎族文化；南海沿海地区与海外诸国自古商贸来往频繁，形成了独特的华侨文化。

南海沿海城市海洋资源丰富，海洋文化产业开发较早，海洋休闲渔业、海洋休闲体育产业、海洋节庆文化产业等门类较为发达。在这一区域较为发达的海洋休闲体育形式有海上跳伞、沙滩排球、帆板划船、摩托艇、岸钓、海钓、潜水等，环海南岛国际公路自行车赛、环海南岛国际大帆船赛、世界沙滩排球巡回赛、全国钓鱼锦标赛等已经成为南海沿海区域海洋休闲体育产业的重要产品。较为发达的海洋节庆产业包括中国钦州三娘湾观潮节、疍家文化艺术节、防城港国际龙舟节、广东国际旅游文化节、珠海沙滩音乐节、湛江海鲜美食节、北海国际珍珠节、广州国际游艇展等。

（二）区域海洋文化产业个案

1. 珠海市海岛休闲文化产业开发

珠海是广东省省辖市，位于珠江口的西南部，是珠三角中海洋面积最大、岛屿最多，海岸线最长的城市，素有“百岛之市”之称。珠海也是中国最早实行对外开放政策的四个经济特区之一。珠海市利用海岛资源丰富的特点，开发了海岛休闲文化产业。其代表性项目是横琴新区长隆国际海洋度假区。

横琴新区位于珠海市南部的横琴岛上，毗邻港澳。2009 年 8 月 14 日，国务院将横琴岛纳入珠海经济特区范围，2015 年横琴岛又被纳入广东自贸区范围。长隆国际海洋度假区位于横琴新区，与澳门隔河相望，距离香港仅 41 海里，拥有长隆海洋王国主题公园、国际马戏城、国际海洋大剧院、主题购物中心、横琴岛主题酒店、国际会展中心、体育休闲公园、国际游艇会和生态居住区等。2015 年 12 月初，珠海市政府与长隆集团再次签订了四个主题乐园的扩建计划，分别是动物王国、海洋冒险乐园、水上乐园和未来世界科技主题公园，总投资将达 500 亿元。此扩建计划实施以后，长隆国际海洋度假区将建成亚洲最大的集观光、休闲、会展、酒店度假于一体的综合型海洋主题旅游度假项目。

位于与澳门水面距离仅隔200米的富祥湾的长隆海洋王国主题公园是度假区的核心项目和龙头项目。它以海洋文化为主题，是中国最大的海洋类主题公园。主题公园建有多个海洋生物馆，包括海豚保育中心、海牛馆、鲸鲨馆、白鲸馆、北极熊馆、企鹅馆、河狸之家等，是世界最齐全的海洋馆群之一。主题公园内各个展馆从建筑风格到活动设计都紧扣海洋主题，为游客营造了全方位的海洋体验。主题公园注意利用各类高科技设备开展体验项目，设计了如"海底互动船"等实景式互动场景体验项目；主题公园还拥有广东省首个大型海底景观餐厅，千奇百怪的海洋鱼类在四周穿梭，让进餐的游客仿佛置身光怪陆离的海底世界。

涉水性游乐项目是长隆国际海洋度假区的一大特色。度假区内建有亚洲第一台水上过山车——冰山过山车，其轨道长近千米。此外还有海豚转转车、旋转水战、触摸池、游戏廊、激流帆船等涉水娱乐项目。这些项目将海洋文化与休闲娱乐活动完美融合，能给游客丰富而刺激的体验。同时度假区还拥有旅游综合体的一站式服务，海洋主题酒店、餐厅、剧院、购物中心等，从各方面满足游人的需求，是一座都市性、现代性、综合性极强的海洋度假王国。

长隆国际海洋度假区具有独特的地理优势，它可以与香港、澳门的旅游产业互动互补，成为具有全球竞争力与吸引力的国际旅游目的地。长隆海洋王国主题公园获得了2014年度"主题乐园杰出成就奖"。这是全球主题公园娱乐行业的最高荣誉之一，长隆海洋王国主题公园是中国首次获得该奖的主题公园。①

2. 广州市海洋信仰文化产业开发

广州是广东省省会，地处广东省中南部，珠江三角洲中北缘，是西江、北江、东江三江汇合处，隔海与港澳相望。广州历史悠久，

① 全球行业大奖花落横琴. 深圳特区报，2015-03-25(A8).

从秦代开始就是华南地区的政治、军事、经济、文化和科教中心，也是岭南文化的发源地和兴盛地之一。广州是海上丝绸之路的起点之一。早在3世纪，广州就成为海上丝绸之路上的主要港口。到唐宋时期，广州港成长为中国第一大港。明清时期广州几乎是中国唯一的对外贸易大港。为了祈求航海平安，广州民众崇奉南海海神。广州南海海神信仰产业也较为发达。

位于广州市黄埔区穗东街庙头社区的南海神庙是中国古代东南西北四大海神庙中唯一留存下来的建筑，是古代国家祭祀海神的场所，也是广州作为海上丝绸之路起点的重要史迹。南海神庙又名波罗庙，隋开皇十四年(公元594年)为祭祀南海海神祝融而建。四海神的祭祀属于官祭，所以历代皇帝都派官员到南海神庙举行祭典。南海神庙地处珠江出海口，古代海舶出入广州时都要到庙中拜祭，祈求航程顺利。

在南海海神的诞辰，民众会举行盛大的祈祷、庆祝仪式，久而形成庙会。因为南海神庙又被称为"波罗庙"，所以庙会就被称为"波罗诞"。波罗诞庙会是广州乃至珠三角地区历史最悠久、规模最盛大、影响最深远的汉族民间传统庙会之一，会期是每年农历的二月十一至十三，十三日为正诞(正会日)。宋人刘克庄的《即事》诗二首就描绘了农历二月在广州东庙(即南海神庙)举行波罗庙会时的热闹景象："香火万家市，烟花二月时。居人空巷出，去赛海神祠。""东庙小儿队，南风大贾舟。不知今广市，何似古扬州。"宋代杨万里也有一首描述在波罗诞谒南海神庙的诗——《二月十三日谒西庙早起》："起来洗面更焚香，粥罢东窗未肯光。古语旧传春夜短，漏声新觉五更长。近来事事都无味，老去波波有底忙。还忆山居桃李晓，酴醾为枕睡为乡。"在农历二月十三，诗人为了谒南海神庙，一大早就起床洗脸并焚香祷告，但因为起得太早，所以直到吃完早饭天还未亮。从这些诗可以见出，南海神庙会早在宋代就已经形成。波罗诞期间，珠江三角洲一带的民众就结伴从四面八方到南海神庙祈福,顺便娱乐、购物,人数能达数十万。广州有民谚曰:“第一游波罗,第二娶老婆”,可见庙会影响之大、之深。2011 年 6 月,黄埔民间信俗波罗诞被国务院公布为第三批国家级非物质文化遗产名录项目。

为了进一步开发以南海神信仰为基础的波罗诞庙会,从 2005 年始,波罗诞庙会与广州民俗文化节相结合,称为“广州民俗文化节暨黄埔波罗诞”,至今已经成功举办了 11 届。波罗诞期间游客众多,2014 年波罗诞庙会首日游客就达 16 万人,[①]加上以后的 6 日,2014 年波罗诞的总体游客超过 100 万人。[②] 根据广州 BRT(快速公交系统)管理公司的统计,2015 年波罗诞期间,广州 BRT 管理公司 3 天日均组织途经南海神庙的线路运力 196 辆,途经南海神庙的线路合集发班 5 750 个班次,BRT 南海神庙站及庙头站进出站人数为 114 428 人次(对比三天前增加了 14.21%)。[③] 以上数据仅是对乘坐快速公交系统的乘客统计,其余出行方式的人数并没有统计在内。

广州民俗文化节暨黄埔波罗诞的传统节目有大型仿古祭海神仪式,五子朝王仪式,水神庆会仪式,以及各种民俗风情表演,民艺体验和花朝盛典(赏花踏青祈福仪式),还有各种映像摄影展、诗书雅会等活动。其中大型仿古祭海神仪式是对传统国家祭祀海神盛况的再现,往往有数百人参加。五子朝王仪式是波罗诞的核心环节,再现了民间祭祀海神的仪式。五子即南海神的五个儿子,分别供奉在南海神庙周边的村子。在波罗诞的正日,供奉五子的乡民为本社区的神像净身,喷洒香茅柚叶水,换新衣,敲锣打鼓地抬着神像巡游,并最终抬至南海神庙向南海神祝寿祈福。五子朝王

---

① “波罗诞”开幕 首日迎客 16 万. 侨报,2014 - 03 - 10.

② “波罗诞”开幕 民俗也“快闪”. 羊城晚报,2014 - 03 - 09.

③ 2015 年波罗诞广州 BRT 运送旅客数量达 11 万多. 广州本地宝,2015 - 04 - 02 [2015 - 12 - 01]. http: //jt. gz. bendibao. com/news/201542/184271. shtml.

仪式源于明代，在停办 60 余年后的 2007 年恢复。为了使古老庙会富有现代气息，每一届庙会都会有新内容。比如 2013 年举办"游波罗娶老婆"相亲大会，2014 年在黄埔青少年宫影剧院举行了《波罗诞传奇》儿童音乐舞台剧，2015 的主题是海上丝绸之路，举办了海上丝绸之路书画展、史迹图片展以及研讨会。

波罗诞庙会已成为岭南民俗精神的象征。庙会期间的各种活动使民众对古老的海神信仰和海洋民俗风情有了直观的体悟，增强了民族情感。庙会也成为广州当地文化带动旅游，旅游反哺文化的典范。早在 2008 年，第四届广州民俗文化节暨黄埔波罗诞千年庙会就荣获了中国首届"节庆中华奖"最佳公众参与奖及"2008 年中国十佳民俗节庆奖"、"改革开放 30 年 · 中国节庆杰出典范奖"。

3. 南宁市海洋休闲渔业开发

南宁古称邕州，广西壮族自治区首府，是广西政治、经济、文化、交通中心。南宁历史悠久，古代属百越地区。以南宁为中心的广西沿海是中国著名的渔场。得天独厚的自然条件使得广西休闲渔业发展迅速，尤以休闲垂钓最为突出。根据 2013 年的统计，广西主要休闲垂钓基地有 2 000 多处，钓鱼俱乐部有 100 多家，竞技钓鱼场有 17 个，渔具商店近 1 000 家，参加海钓人数达 2.5 万人，出海游钓船 1 000 多艘。[①]

南宁是北部湾经济区核心城市，也是全国垂钓示范基地、全国龟鳖文化交流基地、中国—东盟渔业文化活动交流第一平台。南宁市的海洋休闲渔业开发较好。中国—东盟（南宁）渔业文化周一直在南宁举办。此外，相关赛事还有全国龟鳖评比大赛、广西渔牧名特优产品展示交易会、中国—东盟钓鱼大赛、桂台两岸休闲渔业垂钓邀请赛、全国休闲渔业垂钓烹饪大赛等系列活动。可以说，

---

① 袁琳，黄启健. 广西休闲渔业预计今年综合产值 60 亿元. 中国渔业报，2013 - 10 - 14(B4).

广西的海洋休闲渔业集渔业展评贸易、垂钓赛事、渔家风俗、美食分享于一体。

2011 年 11 月 7 日,全国钓鱼锦标赛、中国—东盟钓鱼大赛、全国休闲渔业垂钓比赛三大赛事在位于南宁的广西水牛城渔乐园同时举办,1 000 名来自全国各地和东盟国家的钓手参与了比赛。而举办这三项赛事的水牛城渔乐园钓鱼池则是全国第一家休闲渔业标准化钓鱼池,可同时容纳数千人,是广西休闲渔业示范基地。除了承办官方赛事外,水牛城渔乐园也承办大量民间组织的各类垂钓比赛,2012 年一年就承办了约 30 场大型钓鱼赛事,几乎平均每星期一场,吸引了国内外众多垂钓爱好者的参与。水牛城渔乐园之外,北海金海湾渔业乐园、防城港簕山古渔村、广西渔牧生态园、灵川县金鳟冰泉休闲渔业基地等都是南宁较为著名的海洋休闲渔业体验基地。这些渔乐园、生态园,以养殖基地、古渔村等资源作为渔文化载体,辅以一些人造设施开展各种休闲渔业活动,如垂钓、渔家活动、篝火鱼餐等,让游人在体验海洋文化的同时,又能参与具体、有趣的活动,提供了较好的海洋休闲渔业体验。

在广西,北部湾一带的海钓休闲产业也较为发达。海钓活动更亲近大海,既能感受到北部湾的绝好风光,又能满足专业垂钓爱好者、户外运动爱好者的运动需求,与度假区的渔家人文风情形成互补。广西海钓分为岸钓、船钓、沙钓、矶钓等多种类型。“北海市的涠洲岛、铁山港,钦州市的红沙群岛、七十二径,防城港市的白龙尾边贸码头、蝴蝶岛等地,是广西矶钓的主要钓点;北海市的大风江、南万附近海面,钦州市钦州港一带和三娘湾,防城港白龙尾、红星村附近海面等则是广西海钓较为理想的船钓点;北海市银滩和防城港市江平金滩因平坦开阔,沙质细软洁净,为广西十分理想的沙滩钓场地之一。”①

① 林义丹. 广西休闲垂钓产业异军突起. 农家之友,2012(10).

4. 三亚市海洋休闲体育产业开发

三亚,别称"鹿城",又有"东方夏威夷"之称,位于海南岛的最南端,是中国南部的热带滨海旅游城市。三亚的海洋休闲体育业在中国的海洋文化产业中具有代表性。

潜水分为军事潜水、专业潜水、休闲潜水三大类。在潜水之前,潜水爱好者必须进行相关的潜水培训,并领取潜水证。而且潜水装备价格昂贵,因此潜水活动在发达国家开展的时间早,也更广泛。三亚是我国开展潜水活动最早的城市,每年有逾百万游客参与体验式潜水。体验式潜水是休闲潜水运动在我国海洋旅游休闲业的情况下走出的独特的发展方式。它主要是由旅行社和潜水俱乐部合作,旅行社负责招揽吸引顾客,潜水俱乐部提供技术并组织潜水活动。由教练对游客进行基本简单的培训,然后带领游客在一定深度、一定范围的海域内进行限制式潜水的体验。目前,海南三亚已经发展成为全球最大的体验式潜水基地。

1988 年,三亚出现了首家潜水公司,并拥有了第一个专业潜水教练。1995 年,香港商人与台湾商人加盟海南潜水业,将潜水与旅游相结合,开启了体验式潜水的发展之旅。据 2008 年的旅游抽样调查统计,三亚市已有 12 家潜水企业,全年接待游客约 150 万人次,相当于在三亚有四分之一的游客都参与了潜水活动。2008 年 8 月,我国首家可以正式颁发潜水教练 PADI 证书的机构在海南三亚小东海新兴潜水基地正式成立。这意味着三亚不仅有游客体验式潜水,还能进行专业运动潜水员的培训,使得潜水运动进一步规范化。2009 年三亚仅潜水一项海洋休闲体育产业的收入就达到了 6 亿多元。三亚西岛、亚龙湾、小东海也已成为全世界最大的潜水俱乐部。①

① 王曦. 国际旅游岛契机下休闲潜水发展趋势的研究. 海南师范大学硕士学位论文,2012.

总的来说，休闲潜水结合一系列的海上游乐活动如冲浪、水上降落伞、摩托艇、快艇、帆船、香蕉船、玻璃船、岸钓、平台海钓等，打破了观光游览型的海洋文化休闲产业的陈旧模式，充分利用了三亚的海域地理优势，给游客更加亲密的海洋体验，满足了游客的身体和心理需求。潜水已经成为三亚的旅游特色品牌，它作为一项国际性潮流活动，在海南国际旅游岛的建设契机下，将带动相关行业蓬勃发展。

第八章　科技与海洋文化及其产业开发

海洋文化产业的发展,与科技的发展息息相关。海洋文化产业依托于海洋文化,而海洋文化是一种危机文化,天然对科技的进步有强烈需求;海洋文化的开放性与进步性,又与科技发展的需求相契合;海洋文化产业所获得的利润,也可以给科技发展提供资金支持;科技的发展,开辟了一个个新的海洋经济产业,进而带动了新型海洋文化产业的发展。当然,科技的发展也造成一些传统领域的没落,使一些海洋文化类型随之消亡。科技发展充分成熟后,科学理论也开始指导海洋文化产业,从自发的发展进化为自觉的系统性的科学发展。最后,科技的发展产生了许多新的文化传播技术,海洋文化产业发展必须顺应技术的革新。

"人文为科学启示方向",海洋文化与海洋科学的关系也是如此。海洋经济和海洋科技的高速发展必须避免海洋人文精神和整体人文精神的缺失。

一、海洋科技的发展是海洋文化发展的内在需求

海洋文化起源于滨海地区。碧波无垠的大海,提供了丰饶的物产和广阔的航路,也带来了可怕的灾害。起于海上的狂风、暴雨、巨浪一旦登陆就会造成可怕的后果,所到之处摧屋拔树、破堤毁田。

我国自古就有很多关于潮灾记录,以上海地区为例:[①]

① 《上海气象志》编纂委员会.上海气象志.上海社会科学院出版社,1997:1.

三国(吴)太元元年(251年)八月初一,大风,江海涌溢,平地水深八尺。

南宋绍兴五年(1135年)十月丁未夜,华亭县大风、雨雹,激射如箭,覆舟坏屋,海水大溢。

元大德五年(1301年)七月初一,大风,屋瓦皆飞,海大溢,潮高四五丈,杀人畜,坏庐舍,漂没人口一万七千余。

明洪武二十三年(1390年)七月初一,飓风,扬沙拔木,漂没三州,一千七百家尽葬鱼腹。崇明沿沙庐舍尽没,民溺十之七八。松江府溺死二万余人。

明万历十年(1582年)七月十三日,大风雨,海溢,苏松六州县坏田禾十万顷,溺死二万人。

清咸丰十一年(1861年)八月初三(9月7日),飓风,夜潮骤溢,水丈余,城市街巷尽没,崇明沿海居民死一万人。

不单古时如此,不单上海一地如此,现代社会依然无法完全避免此类灾害。根据统计,从1980年到2004年,我国大陆平均每年因台风造成的直接经济损失达168.94亿元人民币,平均占当年国民生产总值的0.36%。[①] 从1982年至2010年,我国每年因热带气旋灾害而死亡的平均人数为400多人。其中,浙江省死亡人数最多,年均达到134人;福建省其次,为84人;广东省82人,排名第三。[②]

陆地尚且遭受如此严重的破坏,海上航行的危险更可想而知,一旦遇到风浪、迷雾、暗礁,轻则樯摧桅折,重则消亡无存。天灾以外,人祸亦重,从古至今海盗不绝,不但掳掠船只商货,更有上岸攻城取县者。明代的倭寇之患给沿海造成了惨重的损失。“联舟数

① 陈联寿等.台风预报及其灾害.气象出版社,2012:67.

② 许小峰.气象防灾减灾.气象出版社,2012:42.

百，拥众数万。沿海如杭之海宁，嘉兴之嘉善、海盐、平湖、嘉秀等县；南直隶则松江之华亭、上海，苏州之昆山、嘉定、常熟、太仓、长洲，常州之江阴、靖江、无锡，扬州之通州、海门、如皋。贼至必焚毁室庐而烟焰数十里，劫杀人民而死亡动数千人。”（明·诸葛元声《三朝平攘录》卷一）海寇的劫掠使沿海人民的生命财产遭受了极大损失，严重地破坏了沿海一带生产力的发展，“吴粤之民食不暇炊，卧不安枕，农夫释耒，红女寝机。甚则族类离散，逃窜别邑，或父子老弱系虏，相随于路。其死伤者首身分离，暴骨草泽，头颅僵仆，相望于境，沿海郡县几为丘墟”。（明·罗日褧《咸宾录》卷二《东夷志·日本》）

因此，为了应对来自海上的天灾和人祸，民众一方面寻求精神寄托，创造了各种海神以祈求护佑；另一方面也积极努力地发展科技，通过了解自然来寻找对抗海洋灾害的方法。比如为了了解和预测海上气象，先民观察总结了各种气象知识，并将其整理为朗朗上口的谚语。例如上海的海洋气象谚语就浅显易懂，生动形象，涉及从海潮到风雨等多种气象，如反映海潮规律的谚语：

> 初一月半子午潮；初八廿三卯酉潮；二十廿一潮，天亮白遥遥；十一十二吃饭弗及；廿五六，潮来烧早粥，潮来烧夜粥。①

这是典型的半月潮潮候谚语。虽然没有接受过任何科学教育，但沿海居民经过长期的摸索，早已掌握了月亮盈亏与潮水大小之间的关系。海水定时涨落是与月球与地球的距离远近相关的，农历的初一和十五两天，月球距离地球最近，此时潮水最大，且潮

---

① 胡祖德. 沪谚. 上海古籍出版社，1989：54.

水涨落的时间相同。在半个月的时间内,潮水涨落的规律总是两两相对。正如《上海候潮歌》云:“午未未申申,寅寅卯卯辰,辰巳巳午午,半月一遭轮。夜潮相对起,仔细与君论。”

也有反映海边风雨规律的谚语,如:

海和尚,响叮当。①

“海和尚”指的是夏秋之间从海上升起的云,形如老僧打坐,故名。沿海居民通常根据此形状的云来预测风潮。“响叮当”指的就是暴风雨即将来临。类似的谚语还有:

海和尚腾空,必有大风。②

(解说:夏秋之间海上如果起云,紧接着就一定会有大风。)

海云高,做风潮。③

(解说:海上的云高高升起的时候就是大风潮到来的时候。)

和尚云,日日出,风潮越做越巴结。④

(解说:如果海上每日都升起形如和尚的云,那么海上的风潮将会越来越剧烈。)

---

① 中国民间文学集成全国编辑委员会,中国民间文学集成上海卷编辑委员会.中国谚语集成·上海卷.中国 ISBN 中心,1999:716.

② 同上。

③ 同上。

④ 同上。

以上这些谚语是通过云的形状判断风雨的，此外还有通过海水的声音、颜色和性状等来判断气象的，如：

海潮声大，天要转坏。[①]

（解说：海潮来的时候声音大，海上的天气就会变坏。）

沿海居民根据长期的生活生产经验，总结出：海潮来的时候声音很大，是台风将要到来的征兆，而潮水响的方向就是台风来的方向。如：

海潮响，发大风。[②]

（解说：海潮来的时候声音大，马上就有大风要来临。）

海水黄牛叫，必有大雨到。[③]

（解说：海水如同黄牛一样大声鸣叫时，很快就要下大雨了。）

海水发亮有风来。[④]

（解说：海水颜色发亮是刮大风的预兆。）

---

① 中国民间文学集成全国编辑委员会，中国民间文学集成上海卷编辑委员会. 中国谚语集成·上海卷. 中国 ISBN 中心，1999：759.

② 同上。

③ 同上。

④ 同上。

海水内清外混，东北风要来临。①

（解说：海水中心清澈外围浑浊是刮东北风的预兆。）

海里起泡要落雨。②

（解说：海水泛起泡沫是要下雨的征兆。）

海拔篷，三日之后响南风。
海拔篷，要落雨。③

（解说："海拔篷"是金山沿海地区居民对夏季出现在海边的一种光影现象的称呼。根据他们的经验，如果夏天出现此种光影，则很容易下雨或者隔两三天出现台风。）

上海海洋气象谚语是独特的地域性谚语，是上海沿海居民世代生活生产经验的总结，在文学价值之外还具有很高的科学价值。④

随着科技的发展，近代社会开始建立气象站，采用科学仪器系统地观测记录天气状况，总结规律。以上海为例，据上海地方志记载，1848 年 1 月徐家汇天主堂传教士首次用量雨器开展雨量观测，并保存记录了"1848—1857 年逐月雨量"以及"1848—1861 年逐月雨日"等资料。1865 年巴黎耶稣会派刘德耀神父携带部分气象仪器到上海，并在董家渡进行气压、气温、湿度、降水、风以及有

① 中国民间文学集成全国编辑委员会，中国民间文学集成上海卷编辑委员会. 中国谚语集成 · 上海卷. 中国 ISBN 中心，1999：759.

② 同上。

③ 同上。

④ 毕旭玲. 古代上海：海洋文学与海洋社会. 上海社会科学院出版社，2014：27－29.

关天气现象等观测，上海气象系列观测的历史由此开始。1872年12月1日，继董家渡之后，徐家汇观象台开始气象观测。1879年7月31日，上海遭受台风袭击，海上船舰损失巨大，在公董局和外商轮船公司的一致要求下，观象台筹备了航海服务部，并于1882年1月1日起，正式向上海各报发送中国沿海气象预报。1884年9月1日，外滩信号台正式成立，每天定时悬挂报时和气象信号，为停泊在黄浦江和进出上海港的舰船服务。[①] 20世纪30年代，徐家汇观象台仪器设备更新，人员增加，国际合作项目增多，科研领域扩大，已经成为中国乃至东亚的航海气象中心。新中国成立以后，徐家汇观象台并入上海气象局服务至今。

到了当代，由于科技的发展，大气科学已经成为复杂完备的科学理论体系，包含大气探测学、气候学、天气学、动力气象学、大气物理学、大气化学、应用气象学等次级学科，并与地球科学、海洋科学等有大量交叉学科。天气预报依托于此，有了科学系统的理论指导。同时，天气预报的手段也不断发展，先后出现了气象气球、探空火箭、气象雷达、气象卫星、信息网络、超级计算机演算等方法，目前已经可以预报中长期天气，实时监测台风，提前发出海底地震及海啸预警等，并形成了庞大的天气预报产业。

如气象卫星方面，我国自1988年起共发射了12颗“风云”系列卫星，目前尚有7颗在轨运行。这些卫星广泛应用于天气预报、气候预测、自然灾害和环境监测、资源开发、科学研究等多个重要领域。在天气预报计算方面，1992年，国防科技大学研制出银河-Ⅱ通用并行巨型机，峰值速度达每秒10亿次，主要用于中期天气预报。到了2012年，深圳建成超级计算中心，总投资12.3亿元，主机系统采用的是由中国科学院计算技术研究所研制、曙光信息

---

① 温克刚. 中国气象史. 气象出版社，2004：425.

产业(北京)有限公司制造的曙光6000超级计算机,其系统峰值为每秒3 000万亿次,持续性能达到每秒1 271万亿次。该超算平台上30%—40%的计算能力提供给深圳市气象局、国家海洋局等单位的气象服务,使中尺度数值预报模式分辨率从4公里精细到2公里,24小时晴雨预报准确率提升至88%,24小时台风路径预报误差小于100公里。目前,已实现泛华南五省自动站、雷达数据和探测资料高速的分析处理和应用。数据存储能力增加到500T,每天平均处理600多万份气象资料,更新频率达到分钟级别。天气预报产业的巨大投入也带来了相应的社会效益,例如英国气象局于2015年报告,英国政府计划投资9 700万英镑建造一台超级计算机,2017年全部建成后,可以带来超过20亿英镑的社会经济效益,因为它将有助政府和民众提早准备和制订应急计划,应对日益频发的极端天气,减少自然灾害带来的财产损失。

二、海洋文化的发展与海洋科技的发展互为表里

海洋文化离不开船舶与航海技术,船舶与航海技术的发展与海洋文化的发展相辅相成,互为表里。

船舶的发展是海洋科技发展的重点。考古学的证据证明至少在8 000多年前,先民就已经开始使用独木舟了。“燧人氏以匏济水,伏羲氏始乘桴”(《物源》)是我国古代先民从使用葫芦渡水到轧制竹筏渡水的写照,这是造船技术的源头。可见我国的海洋文化之源远流长。到了殷商时代,木板船也已经出现。秦汉时期楼船的出现代表着我国造船技术的第一个高峰。在唐朝内河船中,长20余丈,载人六七百者已屡见不鲜。有的船上居然能开圃种花种菜,仅水手就达数百人之多,舟船之大可以想见。

宋代,我国的造船技术继续发展。《宋史·高丽传》记载:宋神宗元丰元年(1078年)派使臣安焘、陈睦往聘高丽,曾命人在明

州建两艘大海舶，第一艘赐名“凌虚致远安济神舟”，第二艘赐名“灵飞顺济神舟”，自浙江定海出洋到达高丽。高丽百姓从没见过这样的神舟，“欢呼出迎”。《宣和奉使高丽图经》记载：宋徽宗宣和四年（1122年）派路允迪等出使高丽，又在明州建造两艘巨型海舶。它们“巍如山岳，浮动波上，锦帆鹢首，屈服蛟螭”。到达高丽后，高丽人民“倾国耸观”、“欢呼嘉叹”。“神舟”大者可达五千料（一料等于一石）、五六百人的运载量，中等二千料至一千料，也可载二三百人。

我国古代的造船技术一直处于世界领先水平，到了明代更是达到顶峰。据《明史》等有关史料记载，郑和下西洋时（1405—1433年），其船队中最大的宝船长四十四丈四尺，宽一十八丈。根据中国学者唐志拔的计算，郑和宝船排水量应该达到5 000—10 000吨。[1] 1985年集美航专、大连海运学院、武汉水运工程学院合作，按照造船原理和中国式木帆船营造法式将宝船复原后，核算最大号宝船满载排水量达到22 848吨，可载重9 824吨。[2] 相比之下，郑和下西洋结束后的第59年，欧洲哥伦布发现新大陆时（1492年），其船队最大的一艘“圣玛丽亚”号仅长20米左右，排水量130吨左右。[3]

我国古代造船技术有几项发明特别引人注意：第一是水密舱壁，水密舱通常是将船舱从前到后横隔为若干独立舱室，最早出现于唐代。它不但提高了船体强度，并且使船舶破损时，只有部分舱室进水，不至于直接沉没，大大提高了船舶的安全性。水密舱壁的问世，推动了大型船舶的制造和航程的扩展。中国船舶由此进入到印度洋，深受阿拉伯航海者的热爱。第二是车船，车船的原理与明轮船相似，都是利用外力推动明轮划水，以减少对人力的依赖和

---

① 唐志拔. 中国舰船史. 海军出版社，1989：112.

② 中国航海学会. 中国航海史. 人民交通出版社，1988：229.

③ 陈增爵等. 最新版世界五千年. 少年儿童出版社，2012：338.

提高行船速度。早在公元6世纪,我国就诞生了利用人足或动物牵动绞盘使水车转动以减少船员推进船舶的劳动强度的车船。第三是中线舵,中线舵是使船舶改变和保持航向的关键设备,被称为船舶航行的主帅。古代船舶最早是将长桨从船尾两侧伸入水中,起侧舵的作用,效率较低。而考古发现证明我国早在东汉年间就已经发明了悬挂式可升降的中线舵。中线舵的发明和使用增强了行船的安全,并极大增强了船舶的远航能力,所以早在三国时期,中国船舶的身影就已经出现在东南亚海域。而且我国船舶的舵还发展出了多孔舵和平衡舵等更先进的形态,提高了舵效,降低了操纵难度。第四是橹,橹是桨的升级改造版。划桨是一种间歇式的划水动作,入水时做实功,出水时做虚功,而橹则能在水中连续划动,提高了划水的推进效率。早在西汉年间,我国工匠就在长桨的基础上发明了可以在水中连续划水的橹,提高了划水效率,因此有"轻橹健于马"、"一橹三桨"之说。第五是帆具,我国船舶使用的风帆为硬帆,与西方的软帆有很大的差异。硬帆主要用植物叶编织而成,硬而重,虽升帆时较为费力,但遇上骤风时,因重量关系而可迅速解缆降帆,确保船只的安全。而且用植物叶编织而成的硬帆,收风效果良好,能充分地利用侧风。由侧向吹往硬帆的风,按空气动力学原理,不但能使船获得较大的向前的推力,而且阻力小,充分发挥了硬帆的收风能力。而且我国船舶还最早使用了多桅杆、后倾主桅、蝴蝶帆等先进技术。特别是蝴蝶帆,它是将前后两面风帆分别偏左偏右张开,形同张开翅膀的蝴蝶。这样前后帆都能充分受风,能最有效地发挥顺风时的效率;而且两舷风压比较平衡,船身较为平稳。除这些先进技术外,减摇龙骨、披水板等发明也居于世界领先水平。

即便在闭关锁国数百年后,1846年建造的"耆英号"依然显示了不输于同时代欧洲船舶的高性能。当时英国人为了解中国船舶技术,由商人避开清政府禁止向外国人出售船只的命令而秘密购买了“耆英号”作研究，其全长近 50 米，宽约 10 米，深 5 米，载重 750 吨；柚木造成，分 15 个水密隔舱；设 3 桅，主桅高 27 米，头尾桅分别高 23 米和 15 米；主帆重达 9 吨，悬吊式尾舵。[①] 耆英号由 30 名中国水手和 12 名英国水手驾驶，于 1846 年底启航，经好望角到北美最终抵达伦敦，创下了中国帆船航海最远纪录，其适航性和速度充分显示中国古代木帆船构造和性能的优良。

航海技术中包括导航、医疗、维修等，其中尤以导航技术为重。

灯塔在近岸航行中是最基本的人工导航标志。先民航海时，起初是以海边岛礁山峰作为自然导航标志，其后逐步开始人工竖立标帜，筑塔燃灯，以指示航路趋避险滩。《新唐书·地理志》后附录贾耽叙述唐四邻交通的 7 条干线，其中《广州通海夷道》提到了“古今郡国县道四夷述”之说，记载：“广州东南海行……至提罗卢和国（今波斯湾头之阿巴丹一带），一曰罗和异国。国人于海中立华表，夜则置炬其上，使舶人夜行不迷。”值得注意的是，海滨或江河岸边的佛塔，自然地起到了灯塔的作用，僧侣们会长年在晚上燃灯导航，普度夜船。许多航道险要处，即使在灯塔未建前的漫长年月，晚间也不乏热心人（往往是和尚），于竹木杆上挂起一盏灯笼指示船只航行。

温州市江心屿有一对古灯塔“江心双塔”，被评为世界现存古灯塔之首。江心东塔建于唐咸通十年（869 年），高 30 余米；西塔建于北宋开宝二年（969 年），高 32 米。自唐以来，温州商业与造船业非常发达，江心屿上处于瓯江入海口的双塔便成为船舶进出温州的引航标志。史志载，当时双塔白天高大显赫，是瓯江船舶进出的目标。夜晚，两塔均点燃佛灯，通宵不熄，灯火辉煌。北宋诗人杨蟠曾赋诗：“孤屿今才见，元来却两峰，塔灯相对影，夜夜照蛟龙”（《孤屿山》），说的就是当时双塔的导航作用。

---

① 刘传标. 近代中国船政大事编年与资料选编：第 1 册. 九州出版社，2011：7.

1412年(明永乐十年)郑和下西洋期间,在上海境内的海滨,还曾用人工堆筑成一座土山,用作航海标志,为出入长江口的船只导航,永乐皇帝定其名为宝山。此山于1582年(明万历十年)坍没于海,但其名仍沿用至今,上海宝山区便因此而得名。

当远离了熟悉的海岸线,茫茫海面上人们需要灯塔以外的导航手段。举目望天,繁星点点,天文导航可以帮助人们指引方向。早在秦汉时代,我国劳动人民已经知道在海上乘船看北斗星就可以辨识方向。到印度取经学习的东晋僧人法显乘船回国时说:"大海弥漫,无边无际,不知东西,只有观看太阳、月亮和星辰而进。"(《佛国记》)在北半球,北极星永远在正北,人们用肉眼即可借此判断方向。

海上天气变幻无常,遇到阴雨天便不能观星,为此人们又发明了司南以便随时测量方向。战国时期《鬼谷子·谋篇第十》记载:"故郑人之取玉也,载司南之车,为其不惑也。"而到了北宋,沈括的《梦溪笔谈》记载:"以磁石磨针锋,则锐处常指南。"可见此时司南已经进化为更方便准确的指南针。

除了辨别方向以外,人们更希望知道所在地点的确切位置,南北方向的位置现在用"纬度"表示,东西方向的位置用"经度"表示。我国先民很早就认识到,北极星与地面的夹角,即为当地的纬度,所以先民又发明了"牵星术",以牵星板精确测量纬度。牵星板用优质的乌木制成。一共12块正方形木板,最大的一块每边长约24厘米,以下每块递减2厘米,最小的一块每边长约2厘米。另有用象牙制成一小方块,四角缺刻,缺刻四边的长度分别是上面所举最小一块边长的1/4、1/2、3/4和1/8。比如用牵星板观测北极星,左手拿木板一端的中心,手臂伸直,眼看天空,木板的上边缘是北极星,下边缘是水平线,这样就可以测出所在地的北极星距水平的高度。高度高低不同可以用12块木板和象牙块四缺刻替换调整使用。求得北极星高度后,就可以计算出所在地的地理纬度,即地面上南北方向的位置。牵星板测量角度的精度可以达到一“角”，合今日角度 24 分，即 0.4 度。这一精度对应的地面距离为：地球周长 ×0.4 度 ÷360 度 =44.4 公里，这样的精度已经足以指引航船找到一些较大的标志地点了。

依靠指南针和牵星术，再辅以计程仪、测海仪等，宋代航海家已能较为准确地记录航路和绘制海图。因为当时主要靠指南针引路，所以记载的航海线路便被称为“针路”，也有称针经、针谱、针策的。中国古代的针路有很多抄本，16 世纪葡萄牙人在东南亚航行时，就使用了中国人的针路。现在所能见到最早的海图是明代初年《海道经》中的“海道指南图”。稍后的“郑和航海图”则是研究 15 世纪中外交通史和航海技术史的重要依据。

到了近代，西方的航海技术后来居上，1608 年荷兰米德尔堡眼镜师汉斯·李波尔（Hans Lippershey）造出了世界上第一架望远镜并申请了专利。人们不但能在海上看得更远，而且天文观测从此得到更大的发展，进一步提升了天文导航的精度。其后当六分仪发明后，测量精度比牵星板更进一步，理论上可以达到 10 角秒（约 0.003 度），对应地面距离达 300 米。在测量纬度以外，天文观测的发展使经度测量成为可能。之前人们只能靠航速估测航程，来估计经度（即东西方向的位置），其误差非常大。天文观测发展后，人们可以通过观测天文现象来测量地面的经度，但仍无法做到海上实时测量。准确的海上经度测量需要知道船上的精确时间，1735 年，英国钟表匠约翰·哈里森造出了高精度航海时钟 H1。经改进后，1762 年的 H4 航海钟的精度达到 81 天误差 5 秒钟，使经度测量的精度准确到 3 公里。经度的测量终于达到实用阶段，航海安全得到了更好的保障。此后科技的发展，又开发出了无线电导航、惯性导航、卫星导航等等。例如我国开发了北斗卫星导航系统，是继美国 GPS、俄罗斯格洛纳斯、欧洲伽利略之后的全球第四大卫星导航系统，目前已有 14 颗卫星组网提供亚太地区导航服务，全部建成后将有 35 颗卫星提供覆盖全球的高精度导航服务，精度可达 1—10 米。

海洋科技的发展减轻了民众对海洋的恐惧，解释了很多以前无法解释的现象，使国人能更从容自信地面对各种海洋问题，发展海洋文化和海洋文化产业。

三、海洋科技与海洋文化具有一致的精神内涵

开放与包容是海洋文化精神的精髓，与海洋科技发展的内在精神需求一致。

海洋文化具有开放性。作为海洋文化的重要支点，海港一向为商业兴隆之地，航船带来了世界各地的物产和知识，包括了各种新奇先进的科技产品和科技知识，也包括各地的政治、经济、历史、宗教、文艺等文化知识。丰富的物产为科技的发展提供了物质基础；外来科技不仅能直接提高本地科技水平，也能通过科技思想的交流刺激本地的科技发展；文化交流则使人们的眼界开阔，不容易被蒙蔽，更容易接受外来事物和新奇的科技知识。

农耕文化天然趋于保守，特别是在成熟的封建统治下，农民被束缚于土地，统治阶级可以稳定地榨取利益。当风调雨顺，统治阶级一方面可以按比例收取更多租税，另一方面还可以操纵物价，造成“谷贱伤农”，额外抽取利润。而一旦有水旱蝗灾，统治阶级又可以囤积居奇，逼迫小农破产，兼并取利。只要社会总体稳定，统治阶级总有巧取豪夺的手段收取利益，因此其为保持自己的统治地位，更乐意维持现状，使阶级固化，而不愿接受变化，以防新兴阶层威胁到自己。

在科技发展方面也是如此。比如在天文方面，历代王朝均将天文观测的权利收归官有而禁止私人学习。《宋刑统》卷九曰："今后所有玄象器物、天文图书"等，"私家不得有及衷私传习，如

有者并须焚毁”。开宝五年五月规定,禁书等“不得藏于私家,有者送官”。另有《宋会要辑稿·职官一八》记载:“太宗端拱元年五月,诏就崇文院中堂建秘阁”,“凡史馆先贮天文、占候、谶讳、方术书五千一十二卷,图画百四十轴,尽付秘阁”。“有内侍专掌。”官方天文观测只以天文成果验证皇帝之“天命所归”,决不许动摇王朝统治的结果流出。这大大压制了我国古代天文学的发展。而天文正是前述海上导航的重要部分,没有长期的观测及总结,天文导航根本无从发展。再以前述牵星术为例,牵星术以观测北极星的高度角为基础,实际上应该观测的是地球转轴指向的北天极。而近代天文观测表明,由于地球转轴的周期性摆动,地轴所指的北天极会每年移动15角秒,即0.004度。由宋朝至今千年,北天极已经移动了4度左右,现在再用当时的牵星板及相关资料,最大误差将达400公里以上。所以保守无益于科技的进步。

与农耕文化相反,海洋文化更具开拓性。开发新物产,开拓一条新航路,找到一个新产地,都能带来极大的利益,因此海洋文化更注重科技发展。欧洲诸国摆脱了黑暗中世纪的桎梏后,从国家层面鼓励科技发展。例如前述对经度的测量,1598年,菲利普三世颁布诏书,宣布设立经度奖金,任何人只要找出海上测量经度的方法,就可以获得2 000杜卡托(西班牙货币)的奖励。1714年7月8日,英国政府正式颁布了一项“经度法案”,法案规定,凡是有办法在地球赤道上将经度确定到半度范围内的人,奖励2万英镑(实际购买力约相当于现在的1亿元人民币);将经度确定到2/3度范围内的人,奖励1.5万英镑;将经度确定到1度范围内的人,奖励1万英镑。而那位钟表匠哈里森,因其卓越的成绩,最终确实拿到了2万英镑。欧洲国家还设立了专利法,鼓励发明创造。1474年威尼斯颁布了第一部专利法,之后专利制度在欧洲逐渐建立和强化。1623年英国颁布的《垄断法规》,是世界上第一部现代含义的专利法。英国专利制度的实施,保护和激励了技术创新,发明了大量大机器，为英国资本主义产业革命奠定了物质技术基础，使英国成为“日不落”帝国。

海洋文化的发展促进涉海实践的兴盛，还可以给科技发展提供现实的资金支持。海洋文化的主体构成中，包括一些类似自耕农的个体渔民等小生产者，但更主要的是海上商业。而海上贸易利润极高，例如明末郑成功集团大力开展中国—东南亚—日本之间的海上贸易，据杨彦杰的估算，1650 年到 1662 年间，“郑成功一艘商船从中国贩货至东南亚，利润率百分之一百，以所载货物到岸价值为八万两计，可获利四万两；再从东南亚全数贩货至日本，利润率百分之六十，故可再次获利四万八千两；再从日本用百分之三十五的本利购货回来，潜在利润率百分之八十，可得三万六千两，三趟所得利润相加，共十二万四千两，是本钱四万的三点一倍。浙江巡抚张延登说：郑芝龙时期的商人，‘通番获利十倍，人舍死趋之如鹜’”[①]。平均每年可获利润约 250 万两白银。可见航海贸易利润之丰厚，足以为海洋科技的发展提供雄厚的资金。而航海贸易风险很大，“一六五四年，‘（郑成功）一伙驶往日本的二十六艘大型帆船全部为风暴所阻，未能到达而蒙受了很大损失’”[②]。一旦失事，一条船就会造成数万两白银的惨重损失。这就逼迫人们向海洋科技发展投入巨量资金，国家也逐步承担起组织责任，进行科技研究、设施建设等。前述英国政府巨额悬赏寻求经度测量方法，就是最好的例子。

四、海洋科技的发展推动海洋文化产业的发展

海洋科技的发展，开辟了一个个新的海洋经济领域，进而带动

---

① 杨彦杰. 一六五〇年——一六六二年郑成功海外贸易的贸易额和利润额估算. 福建论坛，1982(4).

② 同上。

了新型的海洋文化产业的发展。以海盐业的发展为例。上古时期就有煮海煎盐的传说："宿沙氏始以海水煮乳煎成盐，其色有青、红、白、黑、紫五样。"①到战国时期，中国滨海地区的产盐量已经相当高，齐国"十月始正，至于正月，成盐三万六千盅"。(《管子·轻重甲篇》)也就是说滨海的齐国一年的海盐产量大约有510万公斤。最早的海水制盐是以火力将海水煮干，留下盐分。这种方法消耗燃料大，产盐质量低。后来出现了晒盐法，将海水收集后利用风吹日晒使水分蒸发，这就大大节省了燃料的消耗，从而提高了生产效率，增加了产量。比如北宋年间，上海地区的华亭县年产海盐已经达到1 368万公斤。②

随着科技的进一步发展，人们意识到海水中除了食盐(氯化钠)以外，还有许多杂质，于是不再单纯地将海水晒干，而是利用氯化钠和其他杂质溶解度的不同，通过蒸发使氯化钠先结晶析出，留下含杂质的卤水，从而得到洁白如雪的精盐。早在南宋时期，江浙一带就能产散末状色白而味淡的优质盐。古人食水果如杨梅、橙子之类多喜欢以这种盐佐食，渍去果酸。这种盐称为"吴盐"，名扬华夏。诗人李白在《梁园吟》诗中赞曰："吴盐如花皎雪白。"北宋词人周邦彦在《少年游·感旧》一词中也有"吴盐胜雪"的赞誉。现代化的制盐场，采取机械化工作，产量大大提升。2009年我国海盐产量达3 500万吨。③

盐业的发展对海洋文化有深远的影响。早在战国时期，就有盐铁专营；其后还发展了盐引(开中法)等制度，促进了沿海与内地边区的经济交流。盐业的发展还在地方历史上留下深刻的印迹，例如浙江嘉兴有海盐县，江苏有盐城市，连云港、天津、东营等地均有"盐陀"、"盐陀桥"、"盐陀村"等，可见当地盐业的久远历

---

① 明代彭大翼《山堂肆考》羽集二卷"煮海"条。

② 上海通志编纂委员会. 上海通志·大事记. 上海社会科学院出版社，2005.

③ 刘容子. 中国区域海洋学——海洋经济学. 海洋出版社，2012：44.

史。盐业还造就了富可敌国的盐商,并进一步发展出天津、徽州、两淮等地各有特色的盐商文化。由于盐商的主要利润来自于垄断,所以在获得大量的财富以后,通常仅将一小部分用以进行再生产,大部分的钱财用以贿赂官府以及挥霍享受,这就使盐商文化倾向于尚侈好奢的消费文化和尚宦好仕的政治文化。物质需求以外,盐商在教育、道德等方面的需求也促进了当地文化的发展,形成了崇教好文的士人文化及急公好义的道德文化。

目前各地盐商文化遗存中两淮盐商中的扬州盐商文化保存得最为集中和完整。2010 年 12 月 10 日,扬州"申请世界文化遗产"项目专题论证会初步明确,以"扬州盐商历史遗迹"作为扬州申遗的基本路径。扬州政府还站在战略高度,科学合理地整合利用文化遗产资源,打造文化博览城,以期提升扬州城市形象、城市品位和城市竞争力,充分展示扬州的历史文化、人文精神和民俗风情。其中以两淮盐商文化为主题和内容的项目就有 20 余处,凸显两淮盐商文化在扬州文化和旅游开发中的重要地位。

渔业也是海洋文化的重要组成部分。我国的渔船已经从先民手中最早的单人小舟发展为目前的远洋联合船队,例如海南省引进的"海南宝沙 001 号"生产加工船,排水量 3.2 万吨,长达 170 米,上面建有 4 间工厂、安装 14 条生产线,每天能够加工处理 2 100 吨捕获物,生产 35 万听罐头、660 吨低温速冻鱼、70 吨鱼粉、40 吨螃蟹。船上仅生产工人就超过 600 人,能够在远洋连续作业 9 个月。与其配合的还有载重 2 万吨的油料补给船"海南宝沙 021 号"以及两艘万吨级的冷藏运输船"海南宝沙 011 号"、"海南宝沙 012 号"。两艘冷藏运输船都配有 600 立方米水舱 2 个,可承载 40 英尺货柜 52 箱,能够将海上加工渔业产品直接运往世界各地,船队作业地点可远至全球大部分海域。[①]

---

① 海南组建现代化渔业生产船编队.海南日报,2012-04-04(B4).

科技的发展使人们不再单纯地捕捞海产，还开始进行海产养殖。现在有多种海藻如海带、石花菜等可以人工培植，海水养鱼也有数十年发展。我国21世纪初海水网箱养鱼产量已达20万吨；海参鲍鱼等经济海产也可以进行养殖，例如大连一家上市公司主要养殖虾夷扇贝、海参、皱纹盘鲍、海胆、海螺等海珍品，实行底播增殖的生态化养殖技术，市值一度超过百亿元人民币。

科技发展使海洋矿业开发成为可能。世界海上石油天然气的开采已有百余年历史，目前已经占到石油总产量的约1/4；我国近期还在山东海域发现了超大海底金矿；另外锰结核、金属热液矿床、可燃冰等海底矿产的开发也已进入研究阶段。

海洋还是巨大的医药资源宝库。我国传统中医就有利用海产入药的技术，石决明、海马、海龙、牡蛎、海螵蛸等均为常见药物。近代则开始从海产品中提取药物的有效成分，其中鱼肝油就是人们最熟悉的海洋药物，它从鲨鱼、鳕鱼等海鱼的肝脏中提炼出来，富含维生素A和维生素D，常用于防治夜盲、佝偻病等。现代医药更注重海洋药物的开发，其中占主导地位的是海洋抗癌药物的研究，另外还有心脑血管药物、抗菌消炎药物等，英美等国已发现提取了3 000种以上有价值的生物活性物质，在各医药领域都取得了明显的成效。

科技的发展激发了人们对海洋科学的兴趣，学习海洋知识，探索未知奥秘，这些学习活动本身已成为海洋文化的一部分，并形成了可观的产业。例如上海一地就有多家海洋相关博物馆，如江南造船博物馆、中国人民解放军海军上海博物馆、董浩云航运博物馆、上海水产大学鲸馆等。

科技的发展使海洋旅游形成了新的支柱产业。古代的海洋旅游，由于技术落后，一方面风险极大，与其说是旅游，不如说是探险。另一方面路途上耗费时间长，资金消耗大，只能是少数有钱人的享受。而科技的发展，使沿海交通更为发达，平民百姓即可负担起海洋旅游的时间和金钱的开销。例如目前北京到上海的高铁单程只需不到5小时，二等座票价550元左右，普通群众即可在数天内两地往返2 000余公里，花费数千元享受安全舒适的旅游活动。目前海洋旅游的内容包括在海滨地区、近海、深海、大洋的各种旅游休闲活动，涉及酒店、餐饮、滨海别墅、旅游码头、零售业、休闲游船、海岸生态旅游、邮轮游艇旅游、潜水、休闲垂钓、帆船绕桩赛、摩托艇、拖拽伞、香蕉船等许多业态。据国家海洋局发布的《2014年中国海洋经济统计公报》显示：2014年全国海洋生产总值59 936亿元，海洋生产总值占国内生产总值的9.4%。在海洋主要产业中，滨海旅游业增加值比重最大，占35.3%；全年实现增加值8 882亿元。[①] 可见海洋旅游业已经成为重要的支柱产业。

当然，科技的发展不但形成新的产业，也造成一些传统经济形式的没落，使其相关的海洋文化类型演变，甚至消亡。例如前述海盐产业，当盐业生产力得到极大提高，并取消了食盐垄断的暴利以后，盐商风光不再，而盐工、盐丁、私盐贩子等工种也消失或转型，相关的盐业文化也随之自然消亡。再如海上客运业，由于火车、高速公路、飞机等新式交通工具的出现，速度较慢的海上客运趋于没落，除部分短途客运外，长途海上客运都已变为旅游性质的邮轮。又如以前码头工人工作时呼喝的码头号子，由于现在的机械化装卸，也已消逝无声。

科技的发展并非总是正面的，也有对海洋环境的破坏。大海浩渺无垠，本身具有强大的自我净化能力。但是人类社会的科技自工业革命以来急剧发展，无节制地向海洋排污，使得看似广袤的大海也无力自我恢复。就我国而言，在水体接近半封闭的渤海海

① 2014年中国海洋经济统计公报. 中国海洋信息网，2015－03－18[2015－12－01]. http://www.coi.gov.cn/gongbao/jingji/201503/t20150318_32235.html.

域,污染现象特别严重。“据统计,每年排入渤海的有毒废弃物多达57亿吨、固体废物多达20亿吨。在渤海湾共53条入海河流当中,有43条污染严重。在渤海105个入海排污口中有91.5%都是超标排放。有的水域重金属的含量竟是国家规定标准的2 000倍。由于渤海严重污染,很多的海洋鱼类已经在渤海中绝迹,目前渤海中的海洋生物资源种类只有新中国成立初期的1/10,至少有三四十种渤海独有的水生生物已经完全灭绝。《2012年中国海洋环境品质公报》指出:‘渤海2012年发生19次赤潮,面积5 320平方公里。未达到清洁海域水质标准的约两万平方公里,占渤海总面积的26%。其中严重污染、中度污染、轻度污染海域面积分别为2 000、3 000、6 000平方公里。’”[①]渤海湾各港口的大规模吞吐量造成的船舶排污,以及周边各省市工业项目的增加,都成为加剧海洋污染的元凶。频频发生的海洋污染事故又使渤海环境雪上加霜,特别是2011年6月发生的蓬莱19－3油田溢油事故,三个月内累计造成5 500多平方公里海水污染,给渤海海洋生态和渔业生产造成严重影响。[②] 2011年9月初,青岛第三海水浴场的沙滩上出现大片黑色物体,将原本金黄色的沙滩变成了黑色,在此游泳的市民恐怕黑色物体是渤海飘来的石油,纷纷放弃在此游泳。这就是污染对海洋文化产业造成的直接打击。[③]

除了污染以外,渔业生产中的过度捕捞也造成渔业资源枯竭。例如据威海渔民介绍,20世纪70年代,20马力小渔船在近岸即可日捕五六千斤以上。80年代末90年代初,船越来越多,网眼越来越小,还有地网,连海底都能拖干净,连钥匙大的小鱼也都捕去做饲料。到2012年,有渔民出海15天只打到3条经济鱼(食用鱼),

---

① 王结发.面临威胁的渤海湾:污染现状及其治理.生态经济,2013(11).

② 国务院要求彻查蓬莱溢油事故.人民日报海外版,2011－09－08(1).

③ 王结发.面临威胁的渤海湾:污染现状及其治理.生态经济,2013(11).

只好捕饲料鱼减少亏空。[①] 滥捕幼鱼造成资源枯竭——资源枯竭造成亏损——亏损逼迫渔民更变本加厉地滥捕,这就形成了恶性循环。由于当地渔业遭到重创,一部分渔民被迫弃渔转业,一部分渔民则被迫向远海发展,我国渔船与周边国家发生的渔业纠纷即与此有关。

科技发展成熟后,科学理论也开始指导海洋文化产业,从自发的发展进化为自觉的系统性的科学发展。

科学发展观逐步得到人们认可,指导人们对海洋进行合理开发、保护以实现可持续发展。目前海洋环境保护已经是海洋文化的一部分,各国都非常重视。我国自 1982 年以来,先后颁布了《海洋环境保护法》《防止船舶污染海域管理条例》《海洋倾废管理条例》《海水水质标准》《海洋调查规范》《海洋监测规范》等大批法规,并加入了《联合国海洋法公约》等国际海洋环境保护公约。除立法保护外,我国还设置了多个海洋保护区。截至 2015 年我国现有海洋国家级水产种质资源保护区 51 个,面积 7.4 万平方公里,有国家级海洋特别保护区 23 个,总面积约 2 859 平方公里。[②]

在依法治理污染,保护海洋的同时,我国还在增殖放流、休渔禁渔、海洋牧场等方面采取了一系列资源养护政策和措施,以恢复海洋生态,实现海洋生物资源的可持续发展利用。

在增殖放流方面,“据统计,2011—2014 年全国共投入增殖放流资金 38.97 亿元,增殖放流各类水生生物苗种 1 283.5 亿单位。2015 年增殖放流力度进一步加大,其中中央投资 3.096 5 亿元,预计全国将投入增殖放流项目资金 10 亿元以上,增殖放流各类水产苗种数量达到 300 亿单位以上”。[③] 增殖放流取得了良好的生态、

---

① “渔”之始:两位老人关于这片海的记忆.齐鲁晚报数字版,2012-05-04(C3).

② 国务院关于印发《全国海洋主体功能区规划》的通知(国发〔2015〕42 号)。

③ “十二五”期间水生生物资源养护见成效.中国渔业报,2015-12-21(2).

经济和社会效益。一是促进了渔业种群资源恢复。二是改善了水域生态环境。三是促进了濒危物种与生物多样性保护。四是增加了渔业效益和渔民收入。五是增强了社会各界资源环境保护意识。各地通过开展书画家专题笔会、珍稀水生生物展、志愿者签名、水生生物资源养护宣传进社区进学校等活动，营造出增殖水生生物资源、改善水域生态环境、建设水域生态文明的良好社会氛围。①

我国自1995年起开始实施海洋伏季休渔制度，目前已覆盖沿海11个省（自治区、直辖市）和香港、澳门特别行政区，休渔时间为两个半月到三个半月，涉及捕捞渔船十几万艘，休渔渔民上百万人。实施海洋伏季休渔有效养护了海洋生物资源和海洋生态，取得了良好的经济、生态和社会效益。一是保护了海洋生物种群资源，改善了海洋生态环境。二是稳定了海洋渔业生产，促进了渔民节支增收。三是增强了广大渔民和社会各界的生态环境保护意识，营造了养护资源的良好社会氛围。四是促进了我国与周边国家渔业合作关系，在国际上树立了负责任大国的良好形象。②

我国海洋牧场和人工鱼礁建设取得较大突破。人工鱼礁是指人为在海中设置的构造物，可为海洋生物营造良好环境，保护生态并提高渔获量。配合其他先进的规模化生产和控制技术，进行有计划的海上放养，即成为海洋牧场。据不完全统计，全国已投入海洋牧场建设资金超过80亿元人民币，建设人工鱼礁2 000多万立方米，礁区面积超过11万公顷，不但改善了水域生态环境，还发挥了推动渔民转产转业、带动第三产业发展和拉动就业等重要社会作用。山东省的调查表明，人工鱼礁区的鱼类种类数比对照区增加了1.8倍，平均数量和平均质量分别比对照区增加了3.5倍和

① “十二五”期间水生生物资源养护见成效. 中国渔业报，2015－12－21(2).
② 同上。

1.9 倍。广东省采用资源增殖评估方法和海洋牧场生态服务功能评估模型计算,已建成的海洋牧场区每亩每年直接经济效益达 7 093 元、生态效益达 3 740 元。①

海洋环境保护目前也已成为庞大的产业,根据国务院 2013 年印发的《关于加快发展节能环保产业的意见》,2013—2015 年间,节能环保产业总产值计划实现 15% 年增长,并在 2015 年达到 4.5 万亿元。

科技的发展还促进了海洋清洁能源的开发。海洋不但提供了丰饶的物产,还提供了无尽的清洁能源,目前主要有海水温差发电、潮汐发电、海上风力发电等。其中海水温差发电和潮汐发电在世界范围内都还未大规模推广,海上风力发电则在近年来得到迅速发展。截至 2014 年底,我国已建成海上风电装机容量共计 657.9 兆瓦。② 海洋清洁能源的开发,还能减轻传统能源对环境的压力,从而更有利于海洋环境的保护。

科技的发展使海洋文化产业的研究方法也得以进步。目前有研究者对海洋文化采用数学建模、大数据管理等科学方法,通过对大量的数据进行科学分析,研究海洋文化产业的发展过程,预测其各个方向的发展趋势,从而指导人们主动介入,引导海洋文化产业的健康有序发展。

科技的发展日新月异,现在已经进入了信息化、数字化、网络化的时代。在目前的网络时代,信息的传播能力惊人,上传的资料信息、新闻报道,瞬间即可于世界各地即时获取,而且网络带宽和终端性能的提升,使人们可以欣赏到高清晰的影音图像,感受到身临其境的效果,这些都更有利于海洋文化产业的传播。但是从另一方面来说,海量的网络信息,也使单一的信息容易被掩盖湮没,

---

① “十二五”期间水生生物资源养护见成效. 中国渔业报,2015-12-21(2).
② “十二五”以来我国海洋经济取得巨大成就. 中国海洋报,2015-12-30.

起不到应有的宣传效果。所以，海洋文化产业不但要制作精美的宣传信息，还要善于利用各类新兴网络媒体，吸引目标人群的注意力，抓住“眼球经济”。这是海洋文化产业发展的机遇，也是挑战。

五、海洋科技与海洋文化的深度融合有助于实现海洋强国战略

海洋科技发展带来更多海洋利益，例如海运、海底资源，在保卫这些利益的时候，不可避免地要与周边国家发生矛盾。为解决这些矛盾，一方面要大力增强自身硬实力，另一方面要使海洋文化与海洋科技产业深度融合，实现海洋强国战略的柔性发展。

在明初郑和下西洋的活动中，中国舰队的航海科技无疑是遥遥领先的，在硬实力的基础上，对沿途国家进行了文化的输出，同时带动了贸易交流的发展。

在一带一路战略中，海上丝绸之路的提出，是以我国近年来海洋实力的发展为基础的。自 1994 年至 2015 年底，我国已有约 27 艘现代化驱逐舰、约 75 艘现代化护卫舰、40 艘以上潜艇、1 艘航空母舰、多艘其他舰艇服役。其中的最新型驱逐舰性能已接近美国主力战舰。而 2012 年至 2014 年两年间，下水约 20 艘某型护卫舰，其建造速度被网友昵称为“下饺子”，由此可见我国海军发展之迅猛。随着海军实力的提高，我国也更加积极地参与到海外和平行动中去。2009 年，亚丁湾、索马里海域海盗日益猖獗，作案数量逐年递增。2009 年初至 11 月，有 40 多艘船只被索马里海盗劫持，涉及船员 600 多人。而 2009 年前 11 个月，我国就有1 200 多艘次商船通过这条航线，20% 受到过海盗袭击。该海域频繁发生的海盗袭击事件，严重危及我过往船只和人员安全，对我国家利益构成重大威胁。为此我国响应联合国安理会的决议号召，派出海军舰艇编队赴亚丁湾、索马里海域执行护航任务，至 2015 年底，已出动 22 批次护航编队，有效保障了亚丁湾海域的航行安全，树立了良好的国际形象。除护航外，我国海军还多次执行保护撤离侨

民的任务。2011 年利比亚局势动荡，当年 2 月，我国通过海、陆、空三种方式从利比亚撤侨。当时海军“徐州”号护卫舰赴利比亚执行保护任务，并由空军派出飞机接运中国在利比亚人员。2015 年 3 月，沙特等国空袭也门。3 月 29 日起，我国海军“临沂”号护卫舰等舰只先后从也门撤出我国驻也门公民近 600 人，此外还协助撤离了其他国家 200 多侨民。这些行动充分展示了我国海洋大国的正面形象。

除军事外，我国的海洋工程科技能力也有长足进步。为了保护南海权益，我国在南海填礁造岛，即用沙土和预制沉箱等将礁盘填充加固，形成较大的岛屿，以建造跑道、港口、民居等军用民用设施。在工作时，使用了亚洲第一大自航绞吸挖泥船“天鲸”号，该船长 127 米，宽 23 米，扬沙距离最大可达 6 000 米，每天可吹填超过 10 万立方米的海沙。自 2012 年起，我国已经在南海新建及扩建了 7 个永固型岛礁，充分保障了我国的海洋权益。我国还采取了海洋文化宣传的策略。在国内宣布在南海地区设立三沙市并大力宣传，以人们熟悉并喜爱的旅游等形式，激发人们对我国海洋权益的关注。在国际上，在强调我国主权不可动摇的前提下，突出介绍扩建岛礁的民事功能，指出其在包括避风、助航、搜救、海洋气象观测预报、渔业服务及行政管理等民事方面的功能。相关设施将为中国、周边国家以及航行于南海的各国船只提供必要的服务，从而更好地履行我国在海上搜寻与救助、防灾减灾、海洋科研、气象观察、环境保护、航行安全、渔业生产服务等方面承担的国际责任和义务。2015 年 10 月 9 日，交通运输部在南海华阳礁举行华阳灯塔和赤瓜灯塔竣工发光仪式，宣布两座大型多功能灯塔正式发光并投入使用。[1] 这一举措以实际行动树立了我国负责任的海洋大国形象。

---

① 李宁. 我国南海两座大型灯塔建成发光. 中国海事，2015(10).

参 考 文 献

一、古籍类

《史记》

《汉书》

《新唐书》

《宋史》

《元史》

《明史》

《清实录》

《吴郡志》

《吴地记》

《吴郡图经续记》

《宋会要辑稿》

《东西洋考》

《见只编》

《云间杂识》

二、著作及论文集类

曲金良. 海洋文化概论. 青岛海洋大学出版社,1999.

曲金良. 海洋文化与社会. 中国海洋大学出版社,2003.

舟欲行,曲实强. 涛声神曲——海洋神话与海洋传说. 海潮出版社,2004.

姜彬. 东海岛屿文化与民俗. 上海文艺出版社,2005.

李明春,徐志良. 海洋龙脉——中国海洋文化纵览. 海洋出版社,2007.

陈智勇. 海南海洋文化. 南方出版社,2008.

国家海洋局直属机关党委办公室. 中国海洋文化论文选编. 海洋出版社,2008.

张开城等.海洋文化与海洋文化产业研究.海洋出版社,2008.
赵君尧.天问·惊世——中国古代海洋文学.海洋出版社,2009.
司徒尚纪.中国南海海洋文化.中山大学出版社,2009.
曲金良.中国海洋文化观的重建.中国社会科学出版社,2009.
林有能等.香山文化与海洋文明:第六次海洋文化研讨会文集.广东人民出版社,2009.
张开城等.广东海洋文化产业.海洋出版社,2009.
刘石吉等.海洋文化论集.台湾中山大学人文社会科学研究中心,2010.
张开城等.海洋社会学概论.海洋出版社,2010.
苏勇军.浙江海洋文化产业发展研究.海洋出版社,2011.
苏勇军.浙东海洋文化研究.浙江大学出版社,2011.
曲金良,纪丽真.海洋民俗.中国海洋大学出版社,2012.
朱自强.海洋文学.中国海洋大学出版社,2012.
李新安,金毅.桅影风骚——海洋文学与海洋艺术.海潮出版社,2012.
金涛.舟山群岛海洋文化概论.杭州出版社,2012.
曲金良.中国海洋文化研究:1—6.海洋出版社,1999—2008.
陈万怀.浙江海洋文化产业发展概论.浙江大学出版社,2012.
张继平,李强华.扬帆长江 直济沧海——南通海洋文化产业研究.上海交通大学出版社,2012.
许桂香.中国海洋风俗文化.广东经济出版社,2013.
曲金良.中国海洋文化史长编.中国海洋大学出版社,2008—2013.

三、论文类

陈国强.东南文化中的妈祖信仰.东南文化,1990(3).
马咏梅.山东沿海的海神崇拜.民俗研究,1993(4).
王凌,黄平生.中国古代海洋文学初探.福建论坛(人文社会科学版),1992(3).
王庆云.中国古代海洋文学历史发展的轨迹.青岛海洋大学学报(社会科学版),1999(4).
杨国桢.论海洋人文社会科学的概念磨合.厦门大学学报(哲学社会科学版),2000(1).

辛元欧. 中国古代造船技术中的四项发明. 机械技术史,2000(10).
赵君尧. 论宋元海洋文学. 职大学报,2001(3).
张如安,钱张帆. 中国古代海洋文学导论. 宁波服装职业技术学院学报,2002(2).
郭讯枝,徐美娥. 浅谈地理环境与英国海洋文学. 宜春学院学报(社会科学版),2004(5).
庞玉珍. 海洋社会学:海洋问题的社会学阐释. 中国海洋大学学报(社会科学版),2004(6).
李松岳. 现代文化视野中的海洋文学创作. 浙江海洋学院学报(人文科学版),2005(3).
张如安. 元代浙东海洋文学初窥——以宁波、舟山地区为中心. 浙江海洋学院学报(人文科学版),2006(3).
赵君尧. 汉魏六朝海洋文学刍议. 职大学报,2006(3).
赵君尧. 海洋文学研究综述. 职大学报,2007(1).
杨国桢. 论海洋人文社会科学的兴起与学科建设. 中国经济史研究,2007(3).
李庆志. 刘公岛海权文化主题公园开发. 安徽农业科学,2007(31).
杨国桢. 论海洋发展的基础理论研究//瀛海方程:中国海洋发展理论和历史文化. 海洋出版社,2008.
柴寿升. 休闲渔业开发的理论与实践研究. 中国海洋大学博士学位论文,2008.
赵君尧. 郑和下西洋与明代海洋文学刍论. 职大学报,2008(3).
赵君尧. 先秦海洋文学时代特征探微. 职大学报,2008(2).
王经伦等. 广东海洋文化遗产保护、开发与利用的思考. 广东社会科学,2009(2).
潘丽丽,陈红. 非主题公园式外景地旅游发展研究——以舟山桃花岛景区为例. 亚热带资源与环境学报,2009(3).
赵君尧. 论隋唐海洋文学. 广东海洋大学学报,2009(5).
苏勇军. 宁波市海洋旅游节庆品牌塑造研究. 渔业经济研究,2009(5).
郑松辉. 潮汕海洋文学初探. 汕头大学学报(人文社会科学版),2012(2).
刘倩玲. 利用影视动漫产业发展广西海洋文化. 歌海,2012(5).
林义丹. 广西休闲垂钓产业异军突起. 农家之友,2012(10).

王曦. 国际旅游岛契机下休闲潜水发展趋势的研究. 海南师范大学硕士论文,2012.

吴小玲. 利用海洋文化资源发展广西海洋文化产业的思考. 学术论坛,2013(6).

柳和勇. 简论中国海洋艺术的构成、发展历程及审美特色//张伟. 中国海洋文化学术研讨会论文集. 海洋出版社,2013.

张春红,陈栓. 天津滨海新区海洋文化产业发展 SWOT 分析. 产业与科技论坛,2014(16).

徐春霞等. 秦皇岛市海洋文化资源状况及海洋文化产业发展研究. 海洋开发与管理,2014(2).

胡春燕. 关于推动我国海洋节庆发展的思考. 中国海洋大学学报,2014(6).

张禹辰. 长岛县休闲渔业发展现状及对策研究——以渔家乐为例. 中国海洋大学硕士学位论文,2014.

王彦龙. 全景体验式主题景区的旅游开发探讨——以舟山桃花岛为例. 湖州师范学院学报,2014(2).

陈海明,陈芳. 基于旅游综合体模式的新型主题公园发展研究——以珠海长隆国际海洋度假区为例. 荆楚学刊,2014(3).

李涛. 基于科技与文化融合的海洋文化产业研究. 文化艺术研究,2014(2).

后　记

我出生于太行山之西的山西，从小眼中所见皆是大山，直到因求学来到上海才见识到大海，山与海迥然不同的美令我印象深刻。基于这样的印象，2009 年以后，我的研究兴趣逐渐转移到海洋文化方面。我进入海洋文化研究领域始于海洋文学，但作为我的主要研究专业的民俗学很快将我引导至海洋文化的更多方向，并由此诞生了我的第一部学术专著——《古代上海：海洋文学与海洋社会》。《中国海洋文化与海洋文化产业开发》是我在海洋文化研究方面的第二部著作。

作为文科出身的研究者，对于自然科学的发展缺乏了解，但海洋文化及其产业发展都与海洋科学技术的发展与进步有密切联系。不了解海洋科学技术的发展史，就无法对海洋文化进行深入研究，而物理学专业出身的我的先生汤猛在这方面给了我不少帮助，更直接撰写了本书的第八章“科技与海洋文化及其产业开发”。2015 年，在前几年研究的基础上，我申报的海洋文化研究课题——《吴越地区海神信仰的传播研究及其图谱化展示研究》获得了国家社科基金项目的立项，本书中的一部分内容便来自对该项目的前期研究。有感于海洋文化研究逐渐成为一门显学以及海洋对上海文化发展的重要作用，我在 2015 年为上海社会科学院民俗学专业的研究生开设了《海洋民俗学》课程。在学习的过程中，研究生对海洋文化产生了很大兴趣，我尝试着让她们参与我的国家课题研究与本书的撰写，朱玫洁与张裕两位研究生便参与了本书第七章的资料收集和撰写工作。

因成书仓促，本书还有不少浅薄鄙陋之处，有待进一步的阐发和论述，希望大方之家不以本书的浅陋而吝惜赐教。

毕旭玲

2016 年 6 月 12 日

图书在版编目(CIP)数据

中国海洋文化与海洋文化产业开发/毕旭玲,汤猛著.—上海:东方出版中心,2016.7

(文化产业创新研究丛书)

ISBN 978-7-5473-0975-9

Ⅰ.①中… Ⅱ.①毕… ②汤… Ⅲ.①海洋-文化产业-研究-中国 Ⅳ.①P7-05

中国版本图书馆CIP数据核字(2016)第130727号

中国海洋文化与海洋文化产业开发

出版发行:东方出版中心
地　　址:上海市仙霞路345号
电　　话:(021)62417400
邮政编码:200336
经　　销:全国新华书店
印　　刷:常熟新骅印刷有限公司
开　　本:890×1240毫米　1/32
字　　数:186千字
印　　张:7.625
版　　次:2016年7月第1版第1次印刷
ISBN 978-7-5473-0975-9
定　　价:42.00元

版权所有,侵权必究

东方出版中心邮购部　电话:(021)52069798